AF311641

TRAITÉ

DE

MACHINES A VAPEUR

AVEC DISTRIBUTION PAR TIROIRS, SANS MÉCANISME DE PRÉCISION

EXPOSÉ DU DÉVELOPPEMENT, DES PROGRÈS ET DES PRINCIPES

DE CONSTRUCTION DE CES MACHINES

A L'USAGE DES INGÉNIEURS, DES CONSTRUCTEURS DE MACHINES A VAPEUR, DES ÉCOLES INDUSTRIELLES ET DES PROPRIÉTAIRES DE MACHINES A VAPEUR

Par M. UHLAND, Ingénieur civil

Rédacteur en chef du PRAKTICHER MACHINEN-CONSTRUCTEUR

ÉDITION FRANÇAISE REVUE & ANNOTÉE

Par M. N. JARRY

Ingénieur, ancien élève de l'École centrale des Arts et Manufactures

PROFESSEUR DE TECHNOLOGIE INDUSTRIELLE ET COMMERCIALE AUX COURS COMMERCIAUX DE LA VILLE DE PARIS

PARIS

E. BERNARD ET Cie, LIBRAIRES-ÉDITEURS

4, RUE THORIGNY, 4

—

1884

TABLE DES PLANCHES

GRANDES PLANCHES

I. — 1. Machines à vapeur avec simple tiroir des frères Tangye, à Birmingham.

    2. Machines à vapeur avec simple tiroir de John Bourne et Cie, à Londres.

II. — 1. Machines à vapeur avec simples tiroirs de P. et H.-P. Gibbons, à Wantage.

    2. Machines à vapeur avec simples tiroirs E.-R.-F. Turner, à Ipswich.

    3. Machine à vapeur avec simple tiroir de distribution des frères Tangye, à Birmingham.

III. — 1. Machine à vapeur avec distribution, système Deprez, de Satre et V. Averly, à Lyon.

IV. — 1. Machine à vapeur avec double tiroir de distribution de la Société de construction de machines de Prague.

    2. Machine à vapeur avec double tiroir de distribution, construite par le professeur A. Salaba, de Prague.

V. — 1. Machine à vapeur, système Allen.

VI. — 1. Machine à vapeur avec double tiroir de distribution de A. Ransome et Cie, à Londres.

    2. Machine à vapeur avec double tiroir de distribution des ateliers de construction de Buckeye, à Ohio.

VII. — 1. Machine à vapeur avec double tiroir de distribution de A. Duvergier, à Lyon.

    2. Machine à vapeur avec double tiroir de distribution de L. Bréval, à Paris.

VIII. — 1. Machine à vapeur avec distribution Meyer, construite par G. Müller, à Paris.

IX. — 1. Machine à vapeur avec distribution, système Meyer, de l'Union berlinoise.

    2. Machine à vapeur avec tiroir de distribution équilibré, système Meyer, et de P. Wirtz, à Deutz, près Cologne.

X. — 1. Machines à vapeur avec double tiroir de construction de Ch. Beer, à Jemmeppe (Belgique).

XI. — 1. Machine à vapeur accouplée construite par Lucien Guinolle, de Mariemont.

XII. — 1. Machine à vapeur d'épuisement à balancier, construite par Lucien Guinolle, ingénieur à Mariemont (Belgique).

XIII. — 1. Machine à vapeur horizontale à double tiroir par E.-A. Wortmann, de Ruhrort.

    2. Machine à vapeur horizontale, type à condensation Guhrauer, construite par A. de Becke, de Sundwig.

XIV. — 1. Machine à vapeur avec distribution, système Rider, des ateliers de construction des frères Sachsenberg, à Rosslau-sur-Elbe.

    2. Machine à vapeur avec distribution, système Rider, des ateliers de constructions suisses, à Winterthur.

XV. — 1. Machine à vapeur horizontale avec distribution par tiroir Rider, construite par les ateliers de construction de machines à Augsbourg.

    2. Machine à vapeur horizontale avec distribution par tiroir Rider, construite par M. Sulzer frères, à Winterthur.

XVI. — 1. Machine à vapeur avec distribution par tiroir Rider, construite par G. Sigl, de Vienne.

XVII. — 1. Machine à vapeur avec distribution par tiroir Rider, exécutée par les ateliers de construction de machines du Rhin, de Kalk, près Deutz.

    2. Machine à vapeur avec distribution par tiroir Rider, construite par MM. Pfeiffer frères, de Kaiserslautern.

XVIII. — 1. Machine Wolff, de Crespin, à Paris.

    2. Machine Wolf, de Brissonneaux, frères, de Nantes.

XIX. — 1. Machine à vapeur par tiroir, de Farcot, construite par la Cie de Fives-Lille.

    2. Machine à vapeur par tiroir Meyer, construite par Lebrun, à Creil (Oise).

XX, XXI. — 1. Machines Wolff, de Miller et Cie, de Glasgow.

    2. Machines Wolff, de Bryan Donkin et Cie, de Londres.

    3. Machine Compound, de Borsig, à Berlin.

    4. Machine Wolff, de la Société Alsacienne de Mulhouse.

    5. Machine Wolff, de T. Bates et Cie, de Sowerby (Bridge).

XXII. — 1. Machine à vapeur avec distribution, système Farcot, des ateliers de construction des frères Schmaltz, à Offenbach-sur-Mein.

    2. Machine à vapeur avec distribution, système Farcot, construite par G. de Liphart, ingénieur.

XXIII. — 1. Machines à vapeur avec distribution, système Krause, des ateliers de construction (primitivement J. Zimmermann) de Chemnitz.

XXIV, XXV. — 1. Machine Wolff, de Harke et Hoffmann, à Hirschberg (Silésie).

    2. Machine Wolff, de la Société de construction de Hannover.

    3. Machine Wolff, de la Société de construction, à Prague.

XXVI. — 1. Machines à vapeur accouplées, de Jos Bernay, à Londres.

XXVII. — 1. Machine Compound, de Dubac, à Paris.

    2. Machine Wolff, de Hermann-Lachapelle, à Paris.

XXVIII, XXIX. — 1. Machine Compound, de Schneider et Cie, au Creusot.
2. Machine Compound, de Escher Wys et Cie, à Zurich.
3. Machine Compound, de Borsig, de Berlin.
XXX, XXXI. — 1. Machine Wolff, de la Cie Fives-Lille.
2. Machine Wolff, de Hoppe, de Berlin.
3. Machine Compound, de Klein frères, à Dahlbruch.
XXXII. — 1. Machine Compound, de la gutehoffnungshutte, à Oberhausen.
XXXIII, XXXIV. — 1. Machine Compound, de Swiderski, de Leipzig.
2. Machine Wolff, de Max Friedrich, à Plagwitz (Saxe).
3. Machine Compound, de la Société de construction de Goerlitz.
XXXV. — 1. Machine Compound, de la Société de construction de Batignolles.
XXXVI, XXXVII. — 1. Machine Compound, de Borsig, à Berlin.
2. Machine Compound, des ateliers de construction de Augsburg.
XXXVIII, XXXIX. — 1. Machine Wolff, de F. Wannieck, à Brün.
2. Machine demi-fixe, de Crespin, à Paris.
3. Machine Wolff, de Holborow, à Strand (Angleterre).
4. Machine Compound demi-fixe, de Hermann-Lachapelle, à Paris.
XXXX. — 1. Machine Compound, de Duncan Stewart et Cie, à Glasgow.

PETITES PLANCHES

I. — 1. Alexander et fils, à Cirencester.
2. T. Maude, à Holdham.
3. Taylor et Challen, à Birmingham.
4. Deakin, Parker et Cie, à Salford.
5. Machines à vapeur de MM. Marshall fils et Cie, à Gaisnborough.
6. Frères Tangye, à Birmingham,
II. 1. Ateliers de construction de Prague.
2. Machine de Uhland, à Leipzig.
III. — 1. Druitt-Alpen, à Londres.
IV. — 1. MM. Macabies. Thiolier et Guéraud, ingénieurs à Saint-Chamont.
2. Valck-Virey. à Saint-Dié.
V. — 1. Ateliers de construction de Simmering, près Vienne
2. A.-F. Browd. ingénieur à New-York.
3. J. Kœrosi, d'Andritz, près Gratz.
VI. — 1. Ateliers de construction à Humboldt, à Kalk, près Cologne.
2. G. Petau, à Paris.
3. Bréval à Paris.
4. B. Herreschoff, à Londres.
VII. — 1. Ateliers de construction du prince Fürstemberg, à Immendingen.
2. M. Flaud, à Paris.
VIII. — 1. Usines de Reading.
2. R. Wells, à New-York.
3. MM. Ruston, Proctor et Cie, à Licoln.
4. Jacob Naylor, à Philadelphie.
5. M. Weimer, à Lebanon.
6. M. Mitchell, à Philadelphie.
IX. — 1. E.-R. et F. Tuner, à Ipswich.
X. — 1. A. Siepermann, à Lübeck.
2. E. Earnshaw et Cie, à Nürnberg.
XI. — 1. Davey, Paxman et Cie, à Colchester.
2. Ch. Beer, à Jemmeppe (Belgique).
XII. — 1. Machines A. Biffard, à Fratte (Italie).
XIII. — 1. Arthur Rigg, à Londres.
XIV — 1. Société (par actions) de construction de machines, à Cologne.
2. Société (par actions) de construction de machines, de Humboldt, à Kalk, près Cologne.
XV. — 1. Whieldon, Lecky et Lucas, à Londres.
XVI. — 1. Machines à vapeur de M. Dicq de Stevenson, ingénieur à Aidric.
2. Bertram, ingénieur à Édimbourg.
XVII. — 1 Machine à vapeur de Neut et Dumont, Paris.
2. Louis Soest, à Düseldorf.
XVIII. — 1. Machines à vapeur acouplées de Wall.
XIX. — 1. Ateliers de construction de Nienburg, à Nieuburg.
XX. — 1. Machines de MM. Hayward, Tyler et Cie, à Londres.

Machine à vapeur avec simple tiroir de distribution des frères Tangye à Birmingham. (Fig. 1-7)

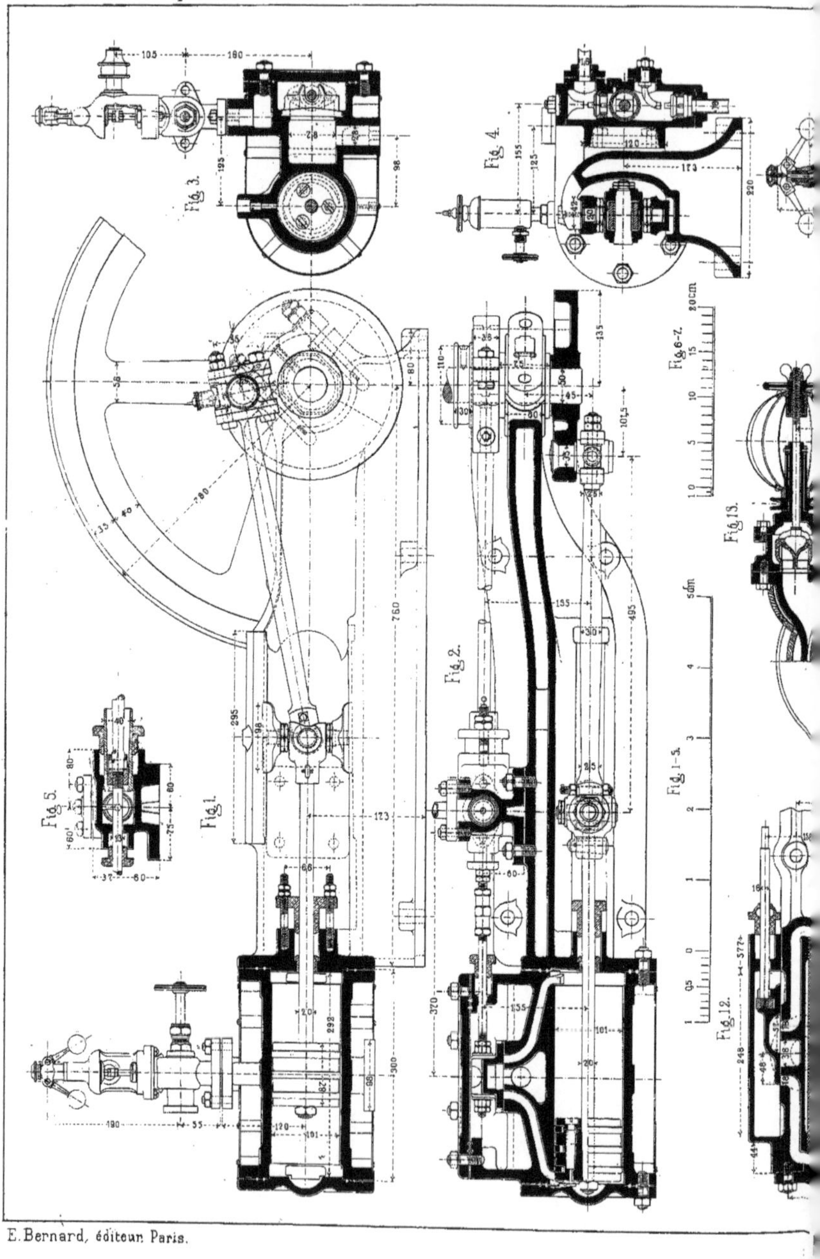

Fig. 1.
Fig. 2.
Fig. 3.
Fig. 4.
Fig. 5.
Fig. 6-7.
Fig. 12.
Fig. 13.
Fig. 1-5.

E. Bernard, éditeur Paris.

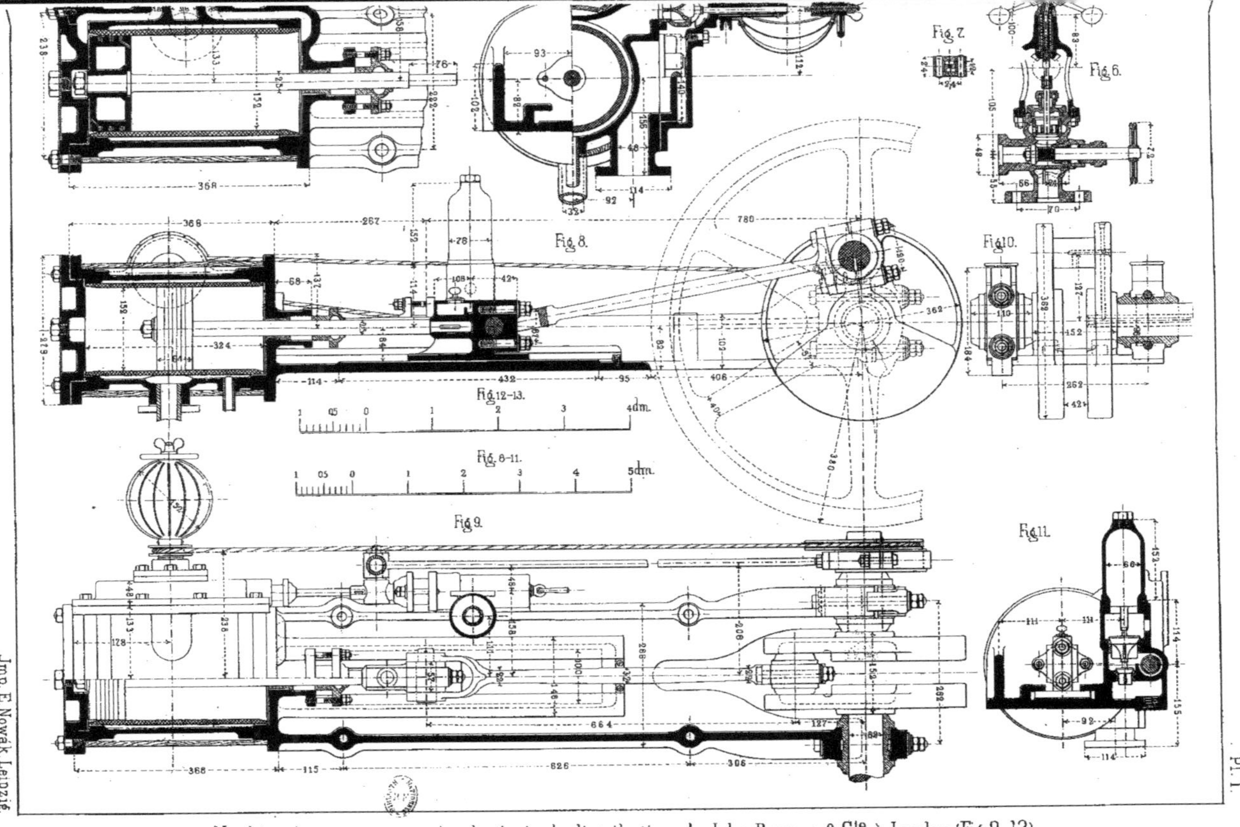

Machine à vapeur avec simple tiroir de distribution, de John Bourne & Cie à London. (Fig. 8-13)

Uhland, Machines à vapeur.

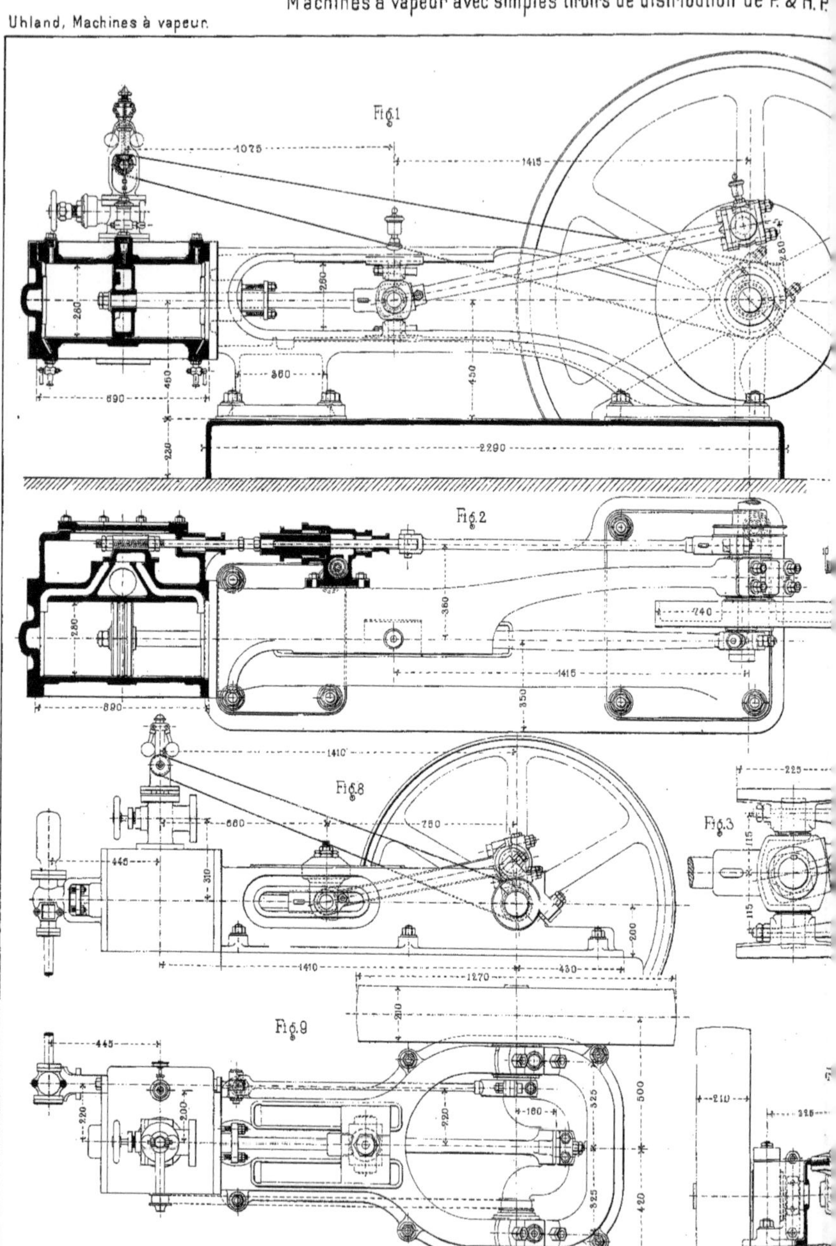

E. Bernard, éditeur, Paris.

Machine à vapeur avec simple tiroir de distribut

Fig.6
Echelle pour Fig.1-2 u.6-11
dcm
Fig.7
Fig.4
Fig.5
Echelle pour Fig.8-5
dcm
Fig.10
Fig.11

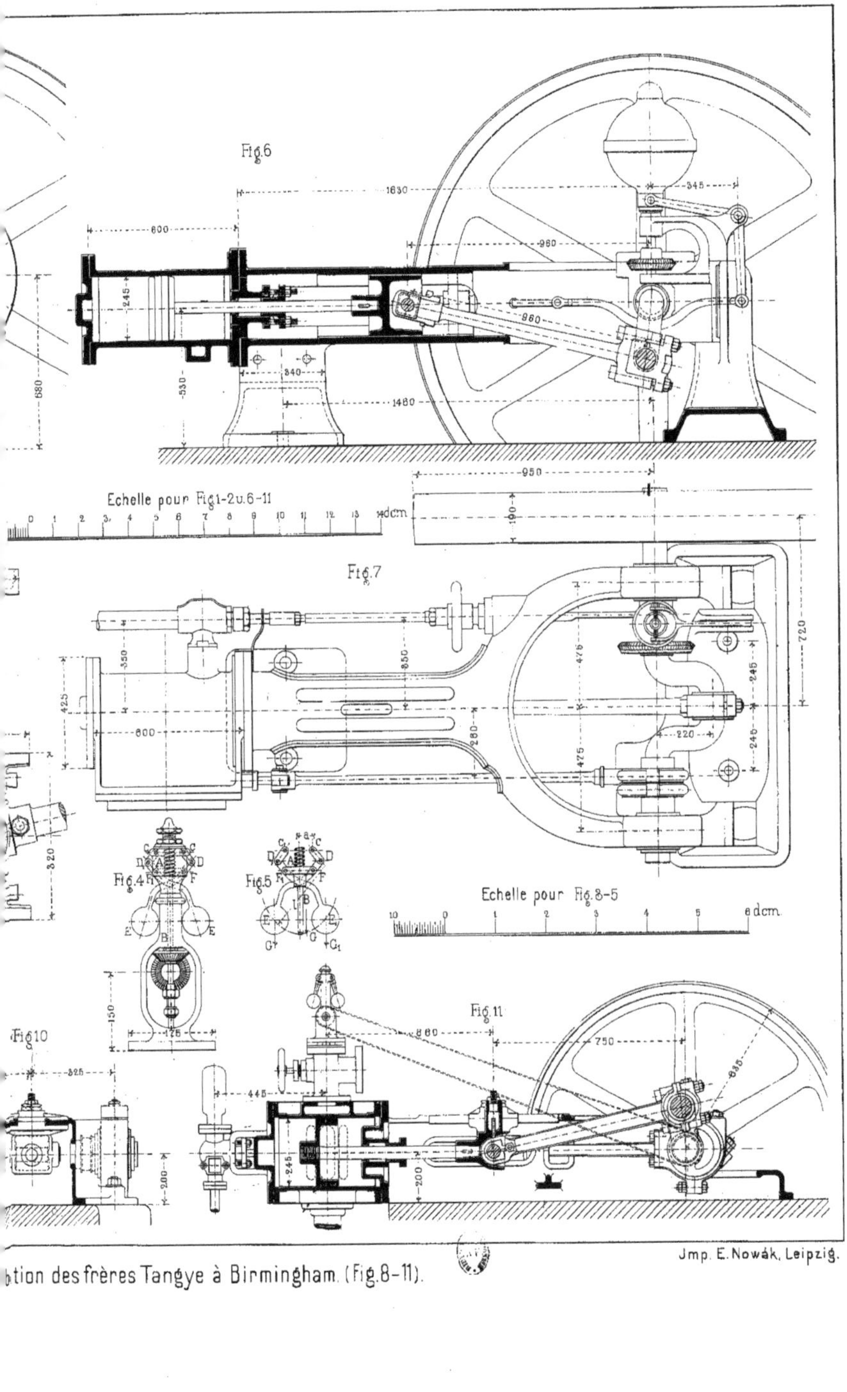

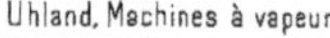

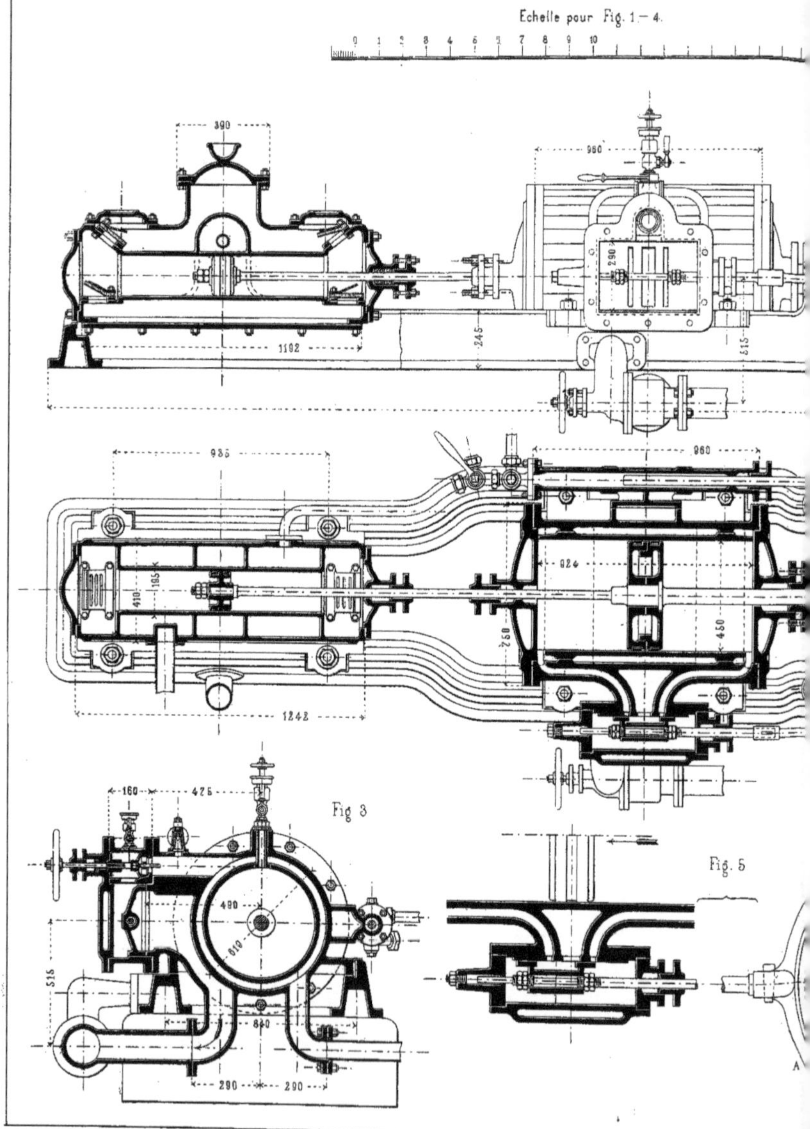

Echelle pour Fig. 1.— 4.
0 1 2 3 4 5 6 7 8 9 10
390
960
1102
935
960
1242
Fig 3
Fig. 5
160
425
480
840
290 290
A

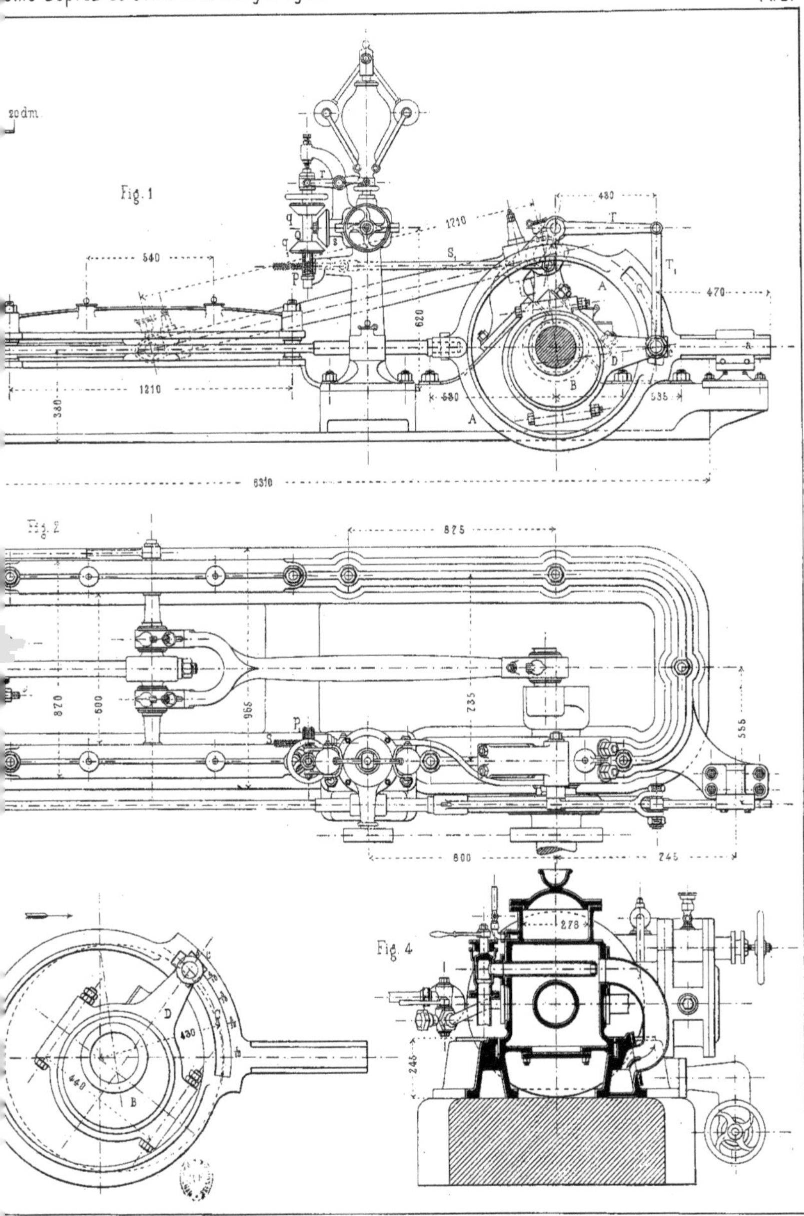
Fig. 1
Fig. 2
Fig. 4

Machine à vapeur avec double tiroir de distribution, de la Société (par actions) de Construction, de Machines (prèm^{t} Danek & Cie) à Prague (Fig. 1-6).

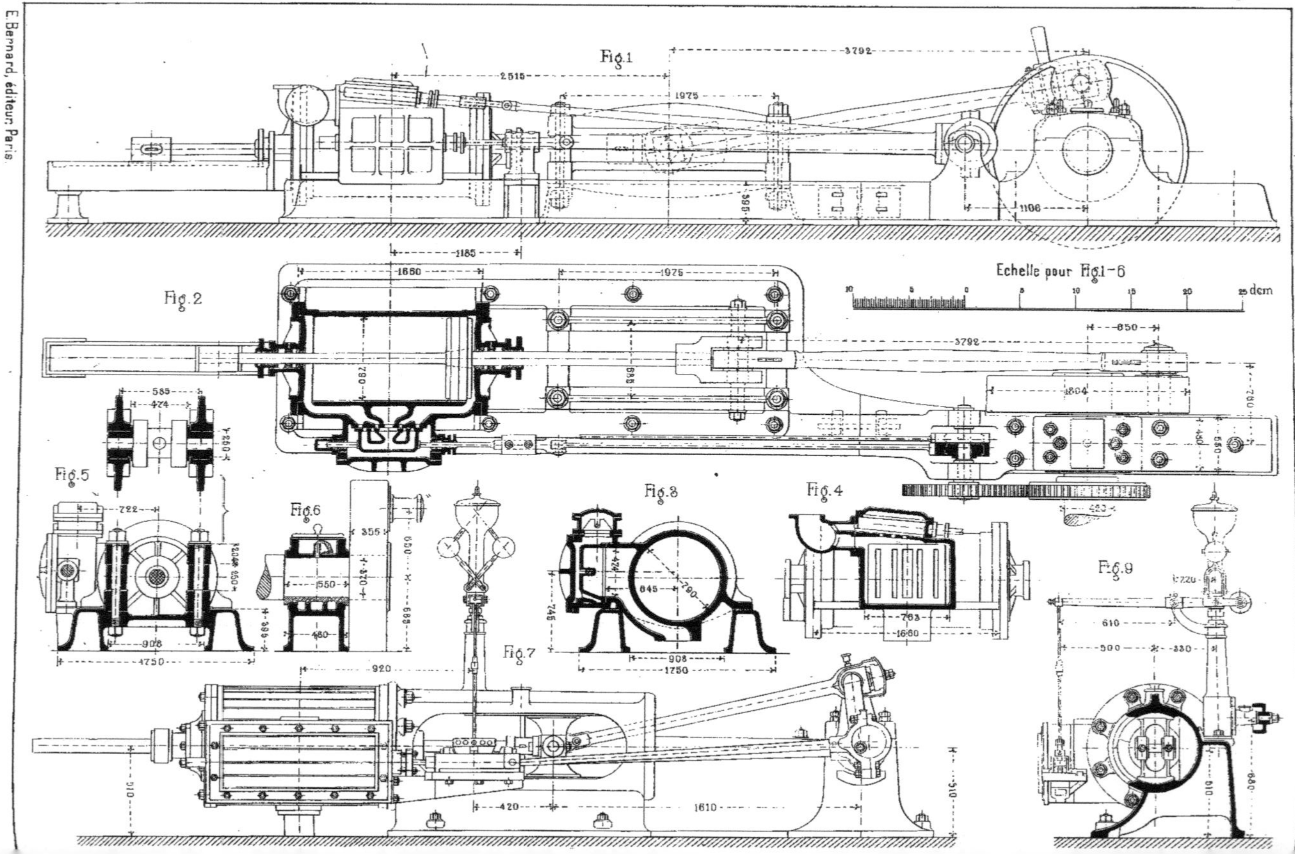

E. Bernard, éditeur, Paris.

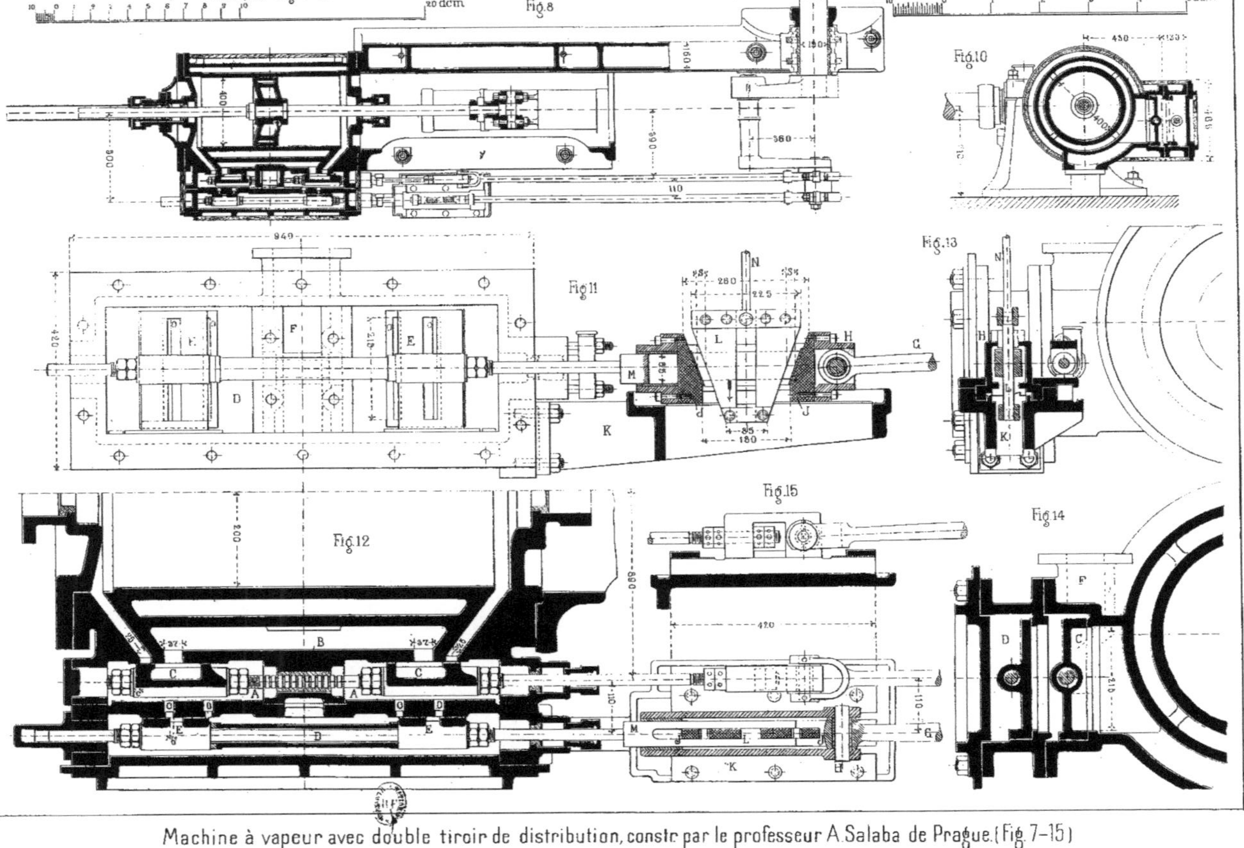

Pl. 4.

Jmp. E. Nowák, Leipzig.

Machine à vapeur avec double tiroir de distribution, constr. par le professeur A. Salaba de Prague. (Fig. 7-15)

Machines à vapeur système Allen.

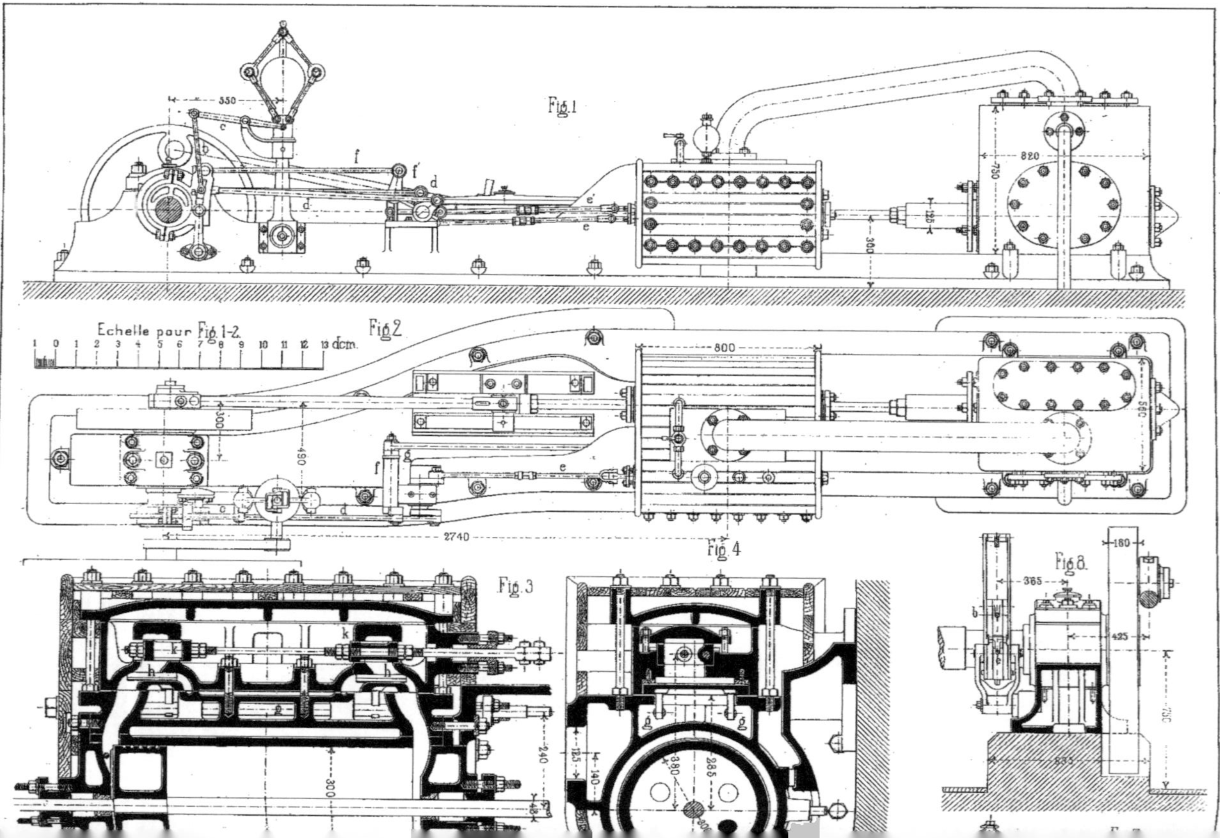

Fig.1

Fig.2

Fig.3

Fig.4

Fig.8

Echelle pour Fig 1-2

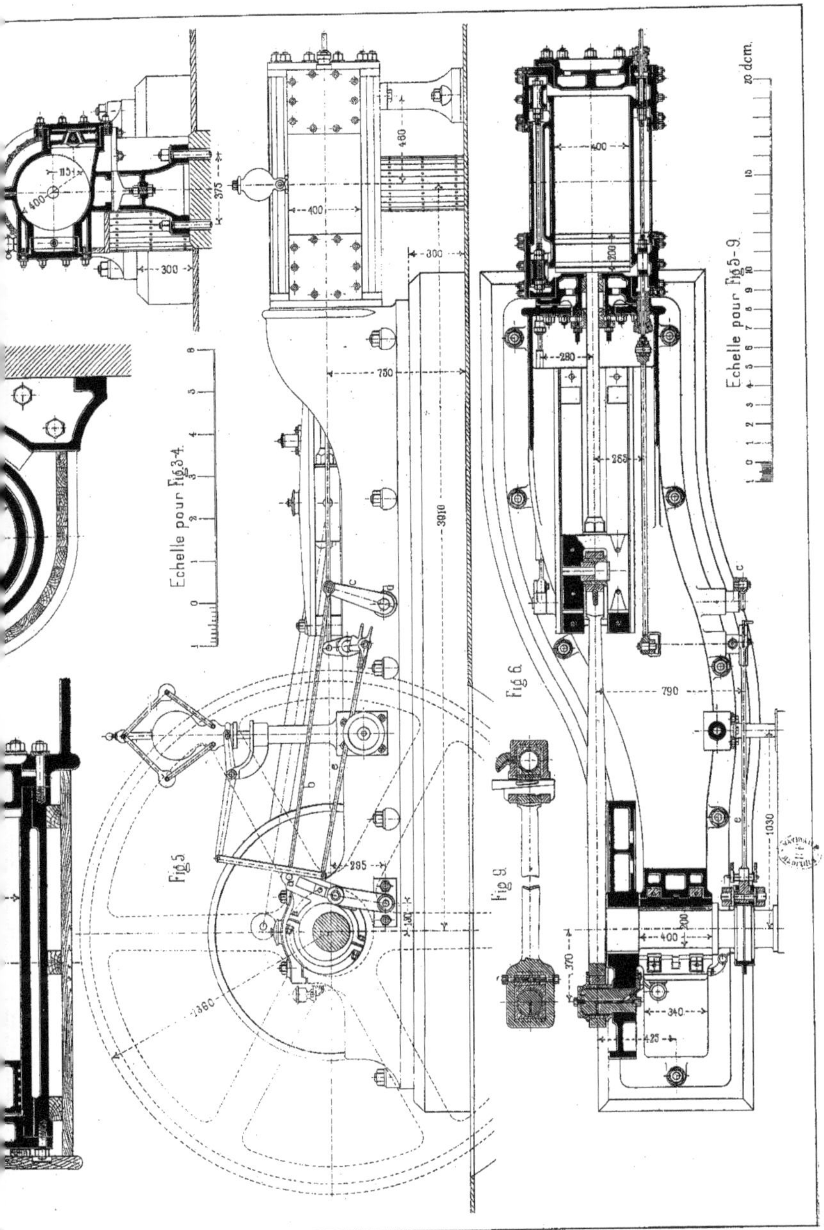

Fig. 5.

Fig. 6.

Fig. 7.

Echelle pour Fig. 3.4.

Echelle pour Fig. 5-9.

20 dcm.

Jmp. E. Nowák, Leipzig.

Machine à vapeur avec double tiroir de distribution de A. Ransome & Cie à Londres. (Fig. 1-5).

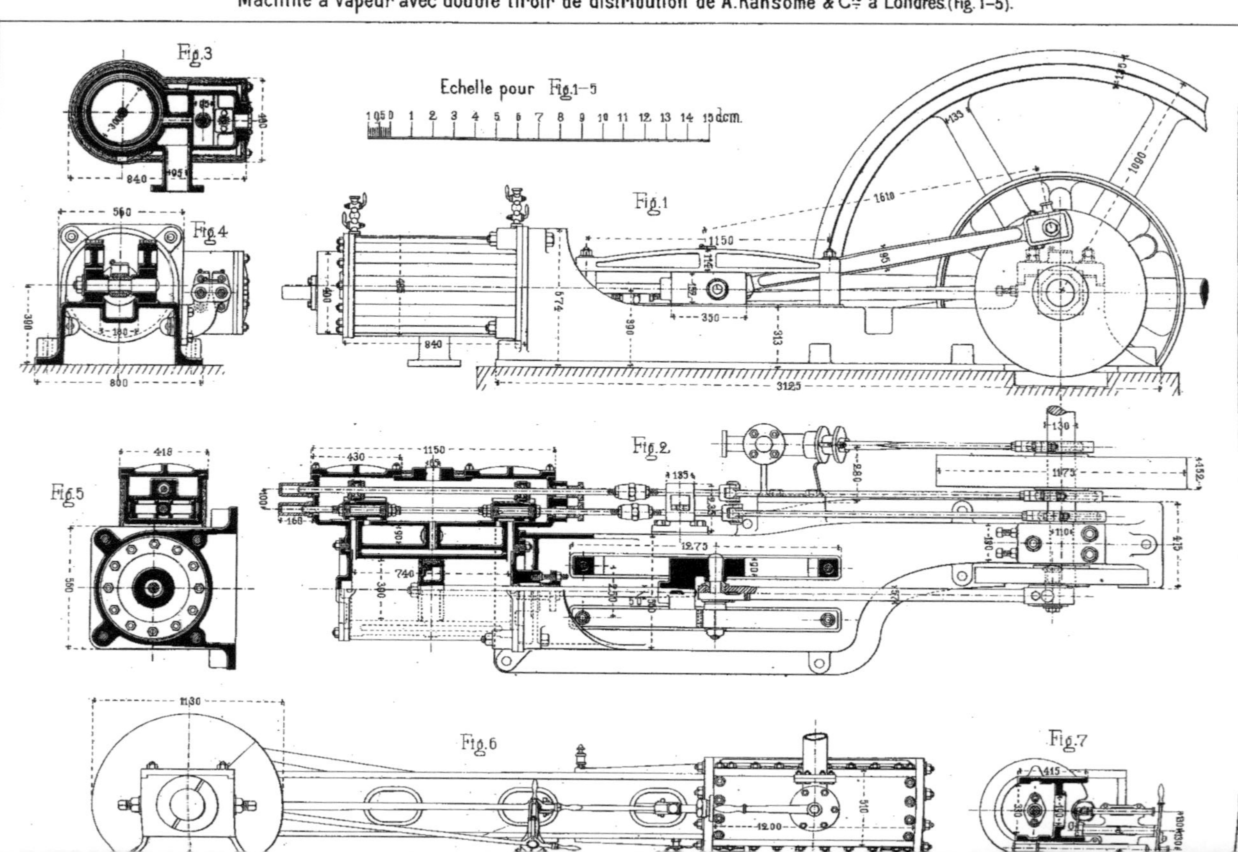

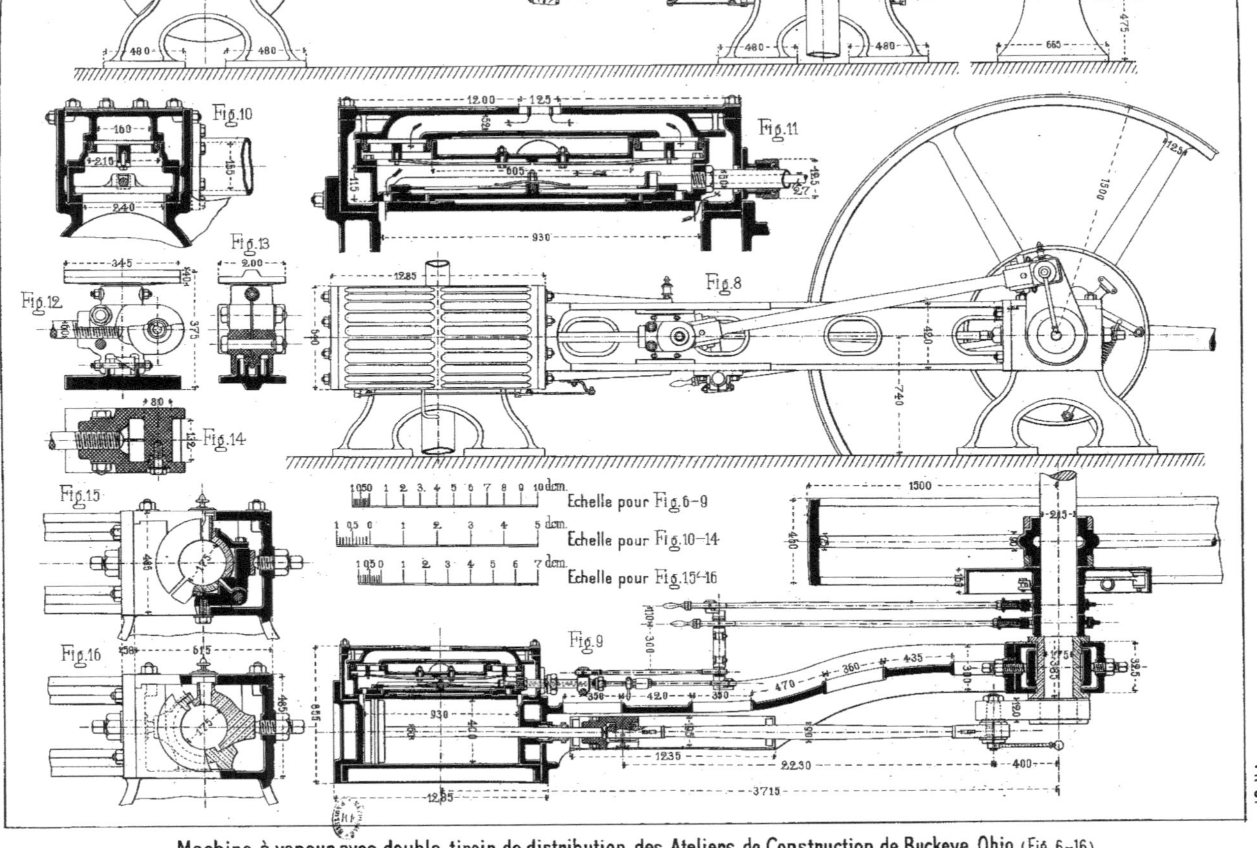

Machine à vapeur avec double tiroir de distribution des Ateliers de Construction de Buckeye, Ohio. (Fig. 6-16).

Machine à vapeur avec double tiroir de distribution de A. Duvergier à Lyon. (Fig. 1-9).

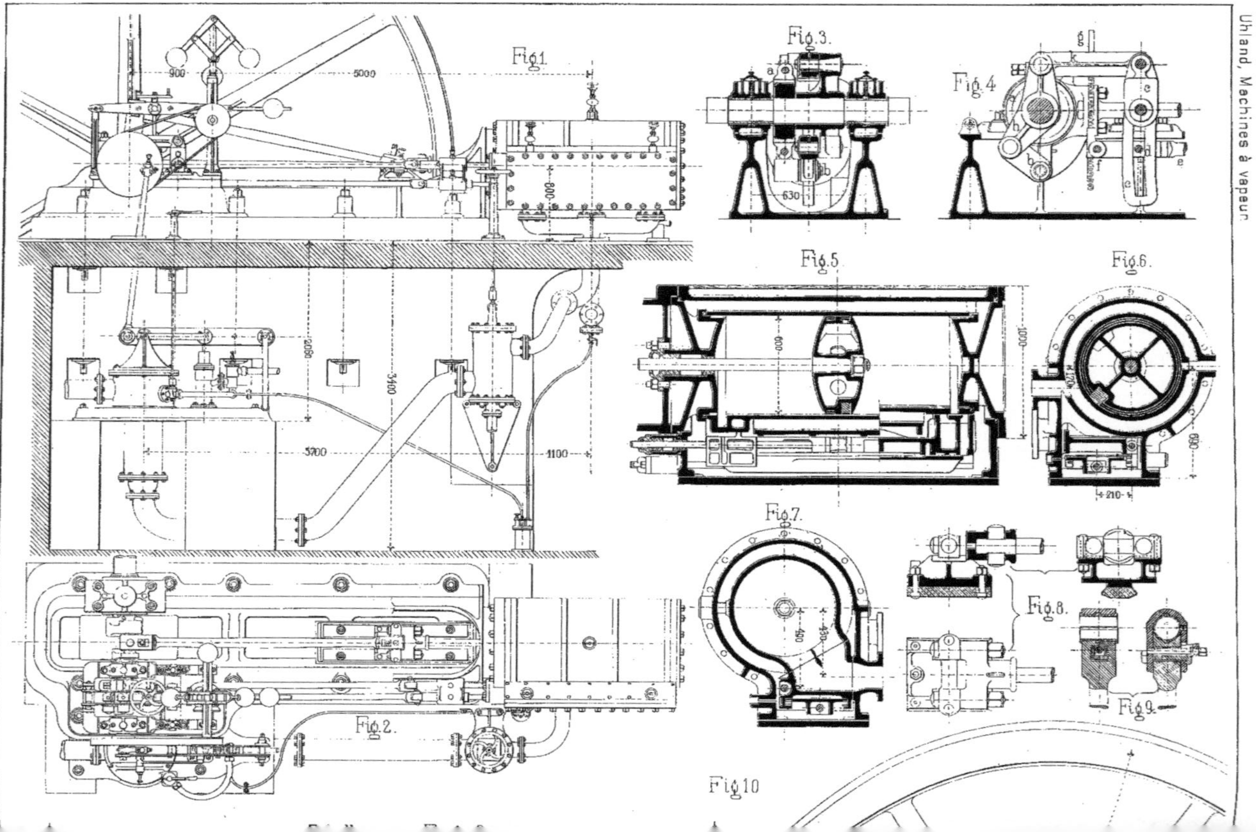

E. Bernard, éditeur, Paris.

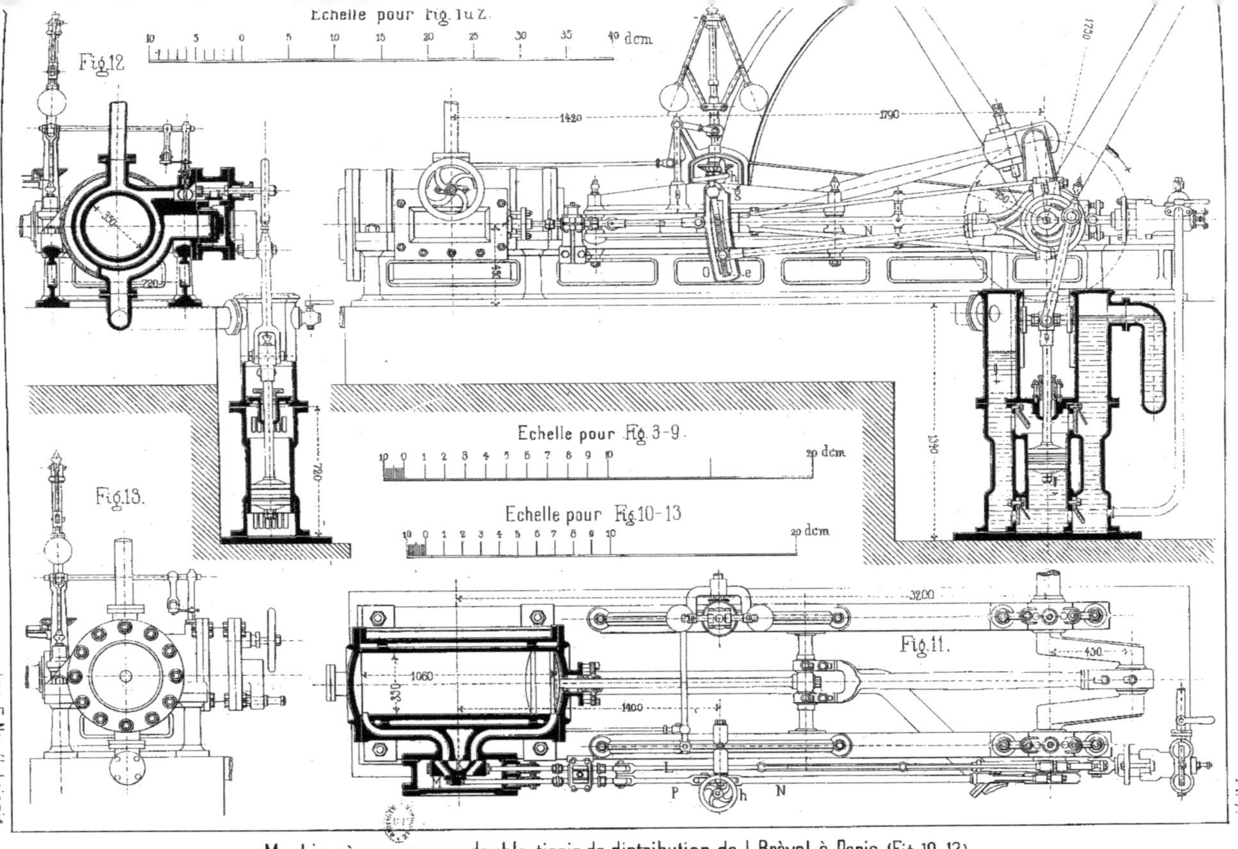

Machine à vapeur avec double tiroir de distribution de L.Bréval à Paris. (Fig. 10-13).

Machine à vapeur avec distribution Meyer, construite par G. Müller, Jngénieur.

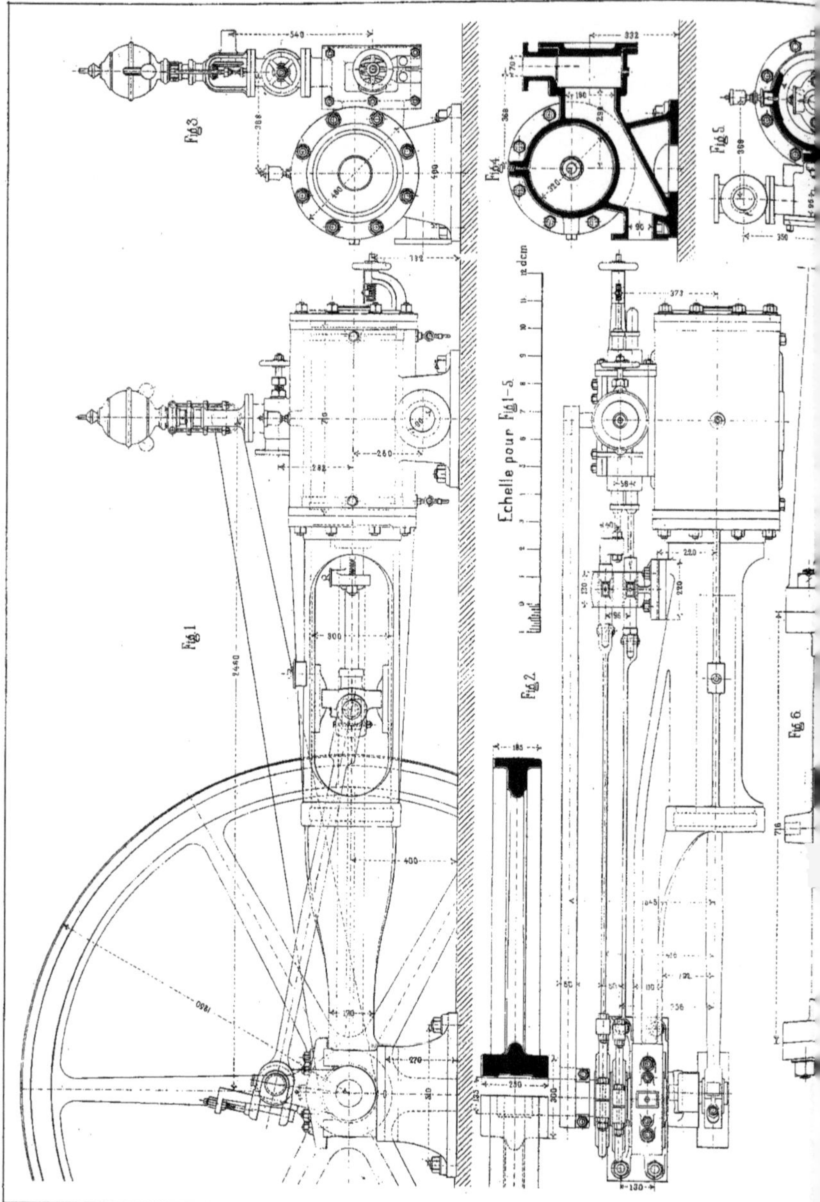
Fig. 1
Fig. 2
Fig. 3
Fig. 4
Fig. 5
Fig. 6
Echelle pour Fig. 1-5
12 dcm
540
332
373
2460
1880
400
300
260
185
250
130

E.Bernard, éditeur, Paris.

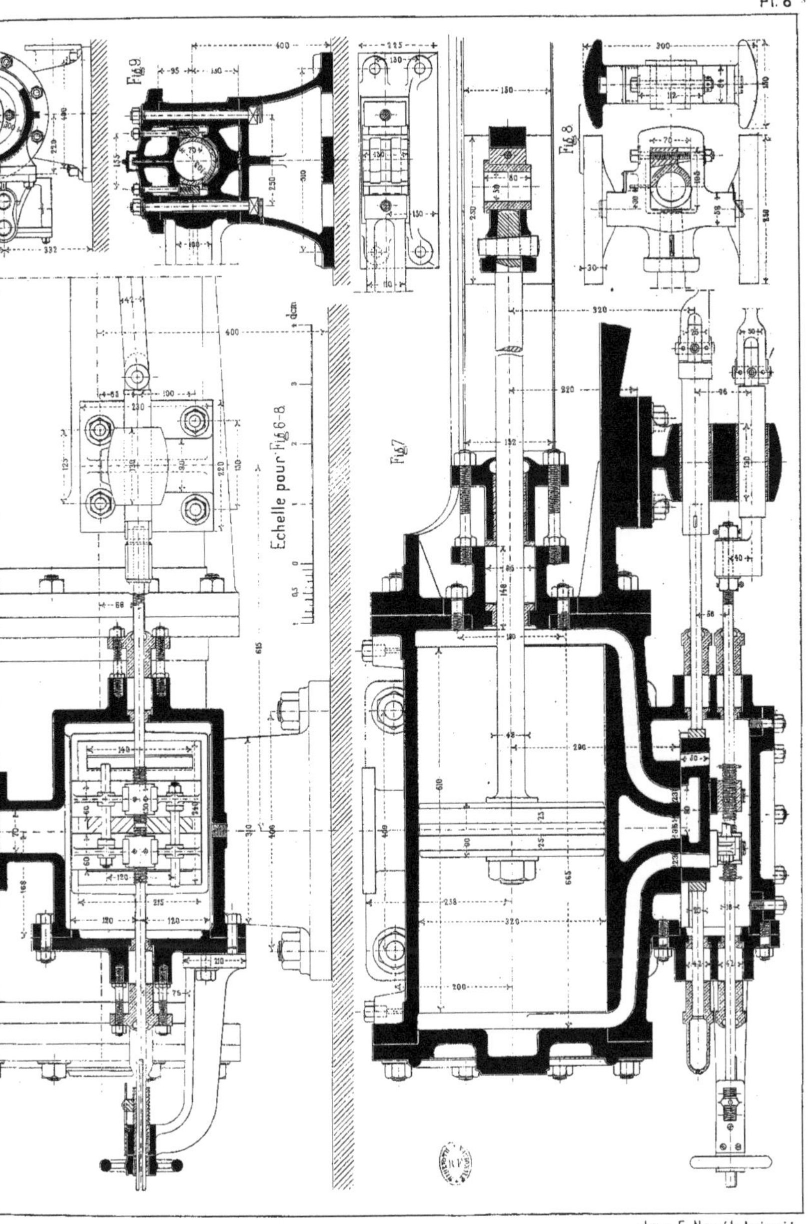

Fig.9
Fig.8
Fig.7
Echelle pour Fig.6-8

Uhland, Machines à vapeur.

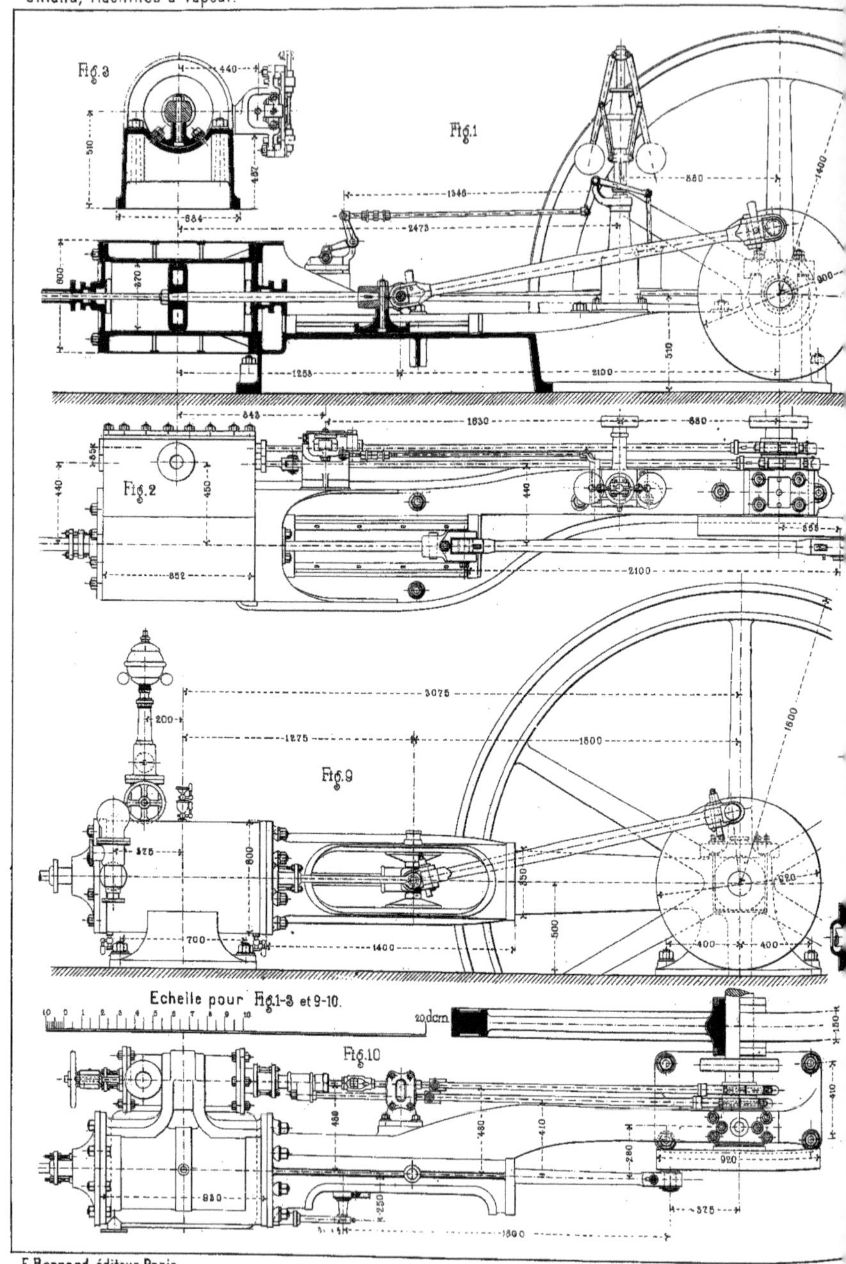

E. Bernard, éditeur, Paris.

Machine à vapeur avec tiroir de distribution équilibr[é]

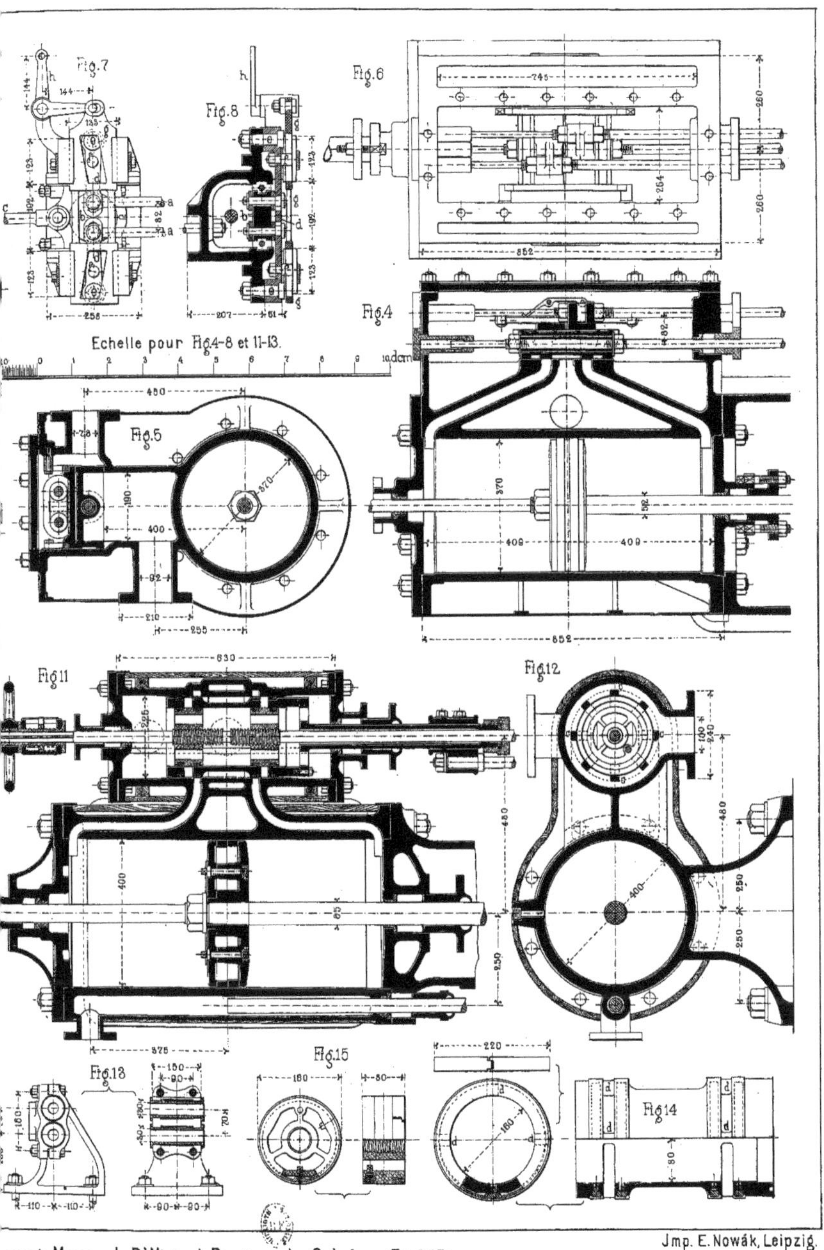

syst. Meyer, de P. Wirtz à Deutz près Cologne. (Fig. 9-15).

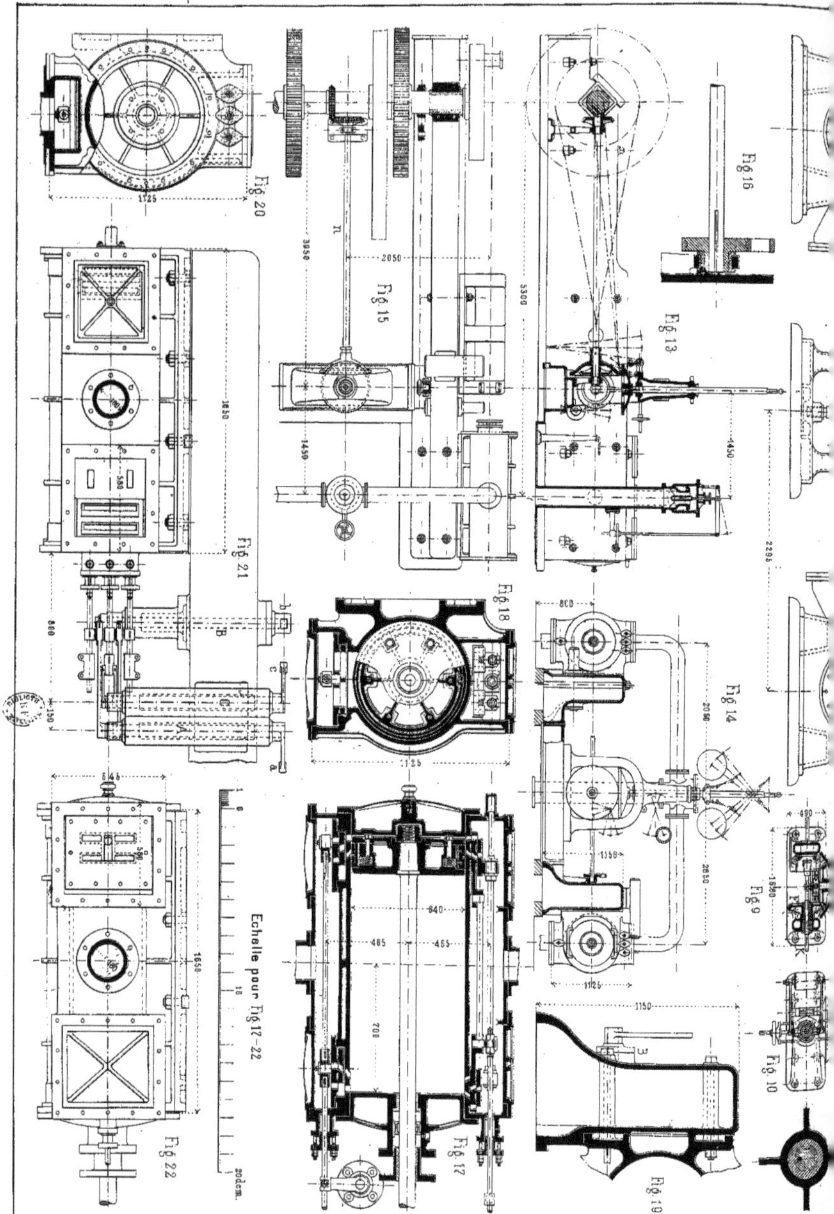

Fig. 20

Fig. 16

Fig. 15

Fig. 13

Fig. 21

Fig. 18

Fig. 14

Fig. 9

Fig. 22

Echelle pour Fig. 12—22

Fig. 12

Fig. 10

Fig. 19

Machines à vapeur avec double tiroir de distribution de Ch. Beer à Jemepp, Belgique.

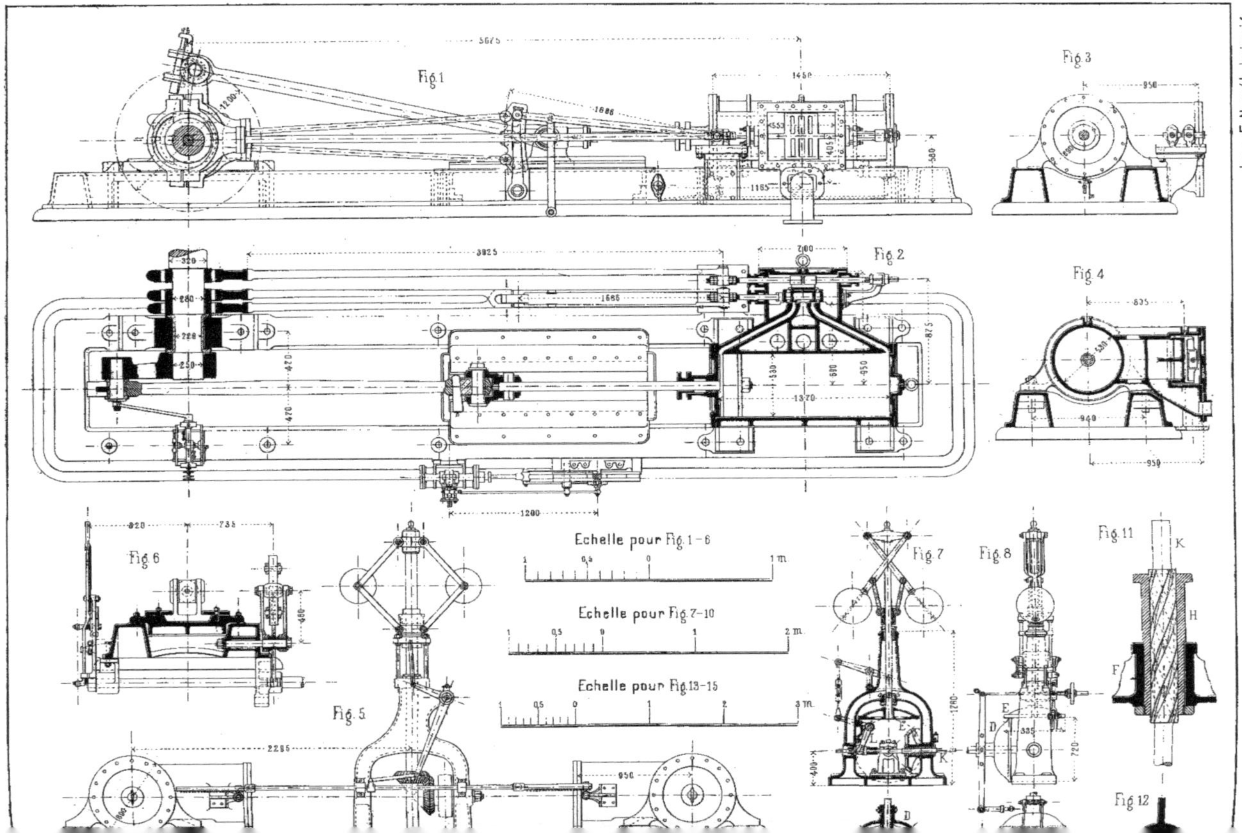

Jmp. E. Nowák, Leipzig.

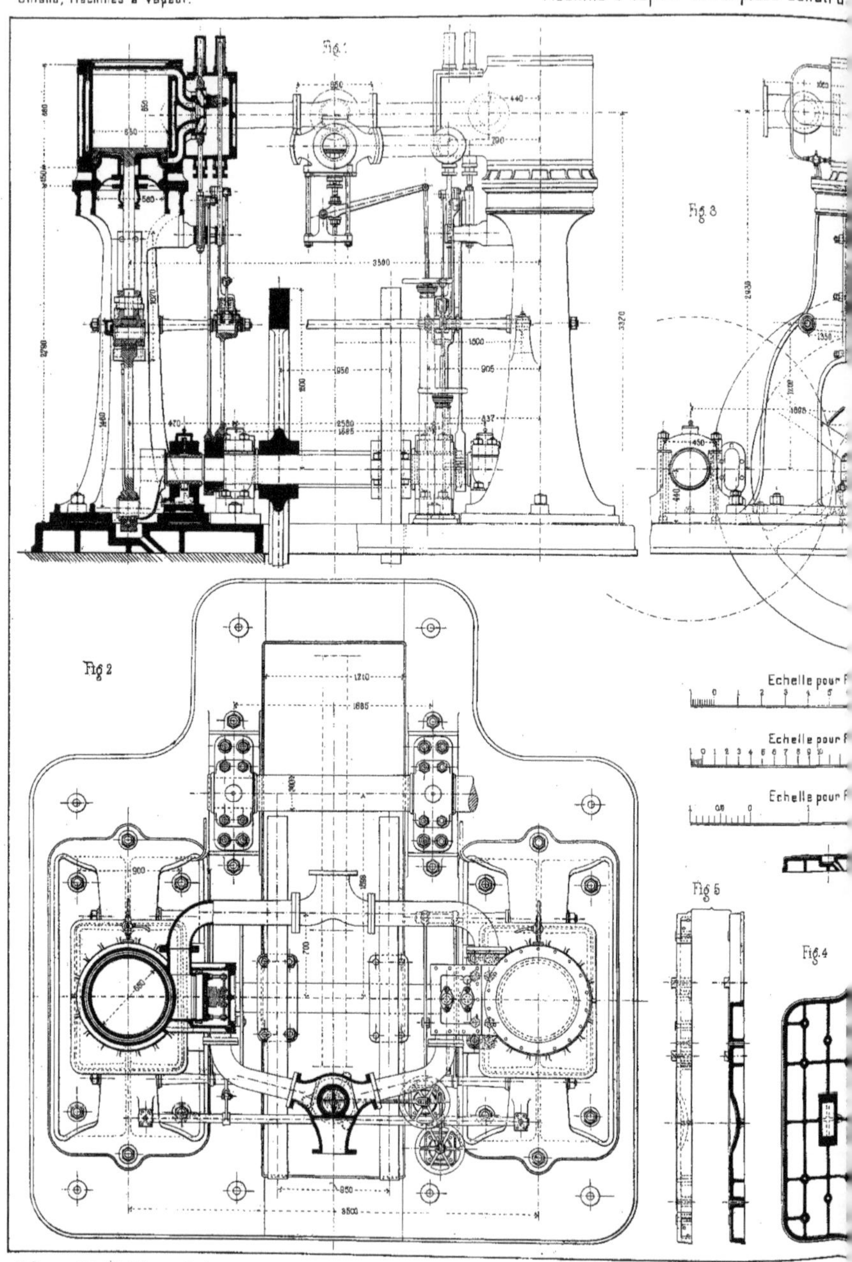
Fig. 1
Fig. 2
Fig. 3
Fig. 4
Fig. 5
Echelle pour F
Echelle pour F
Echelle pour F

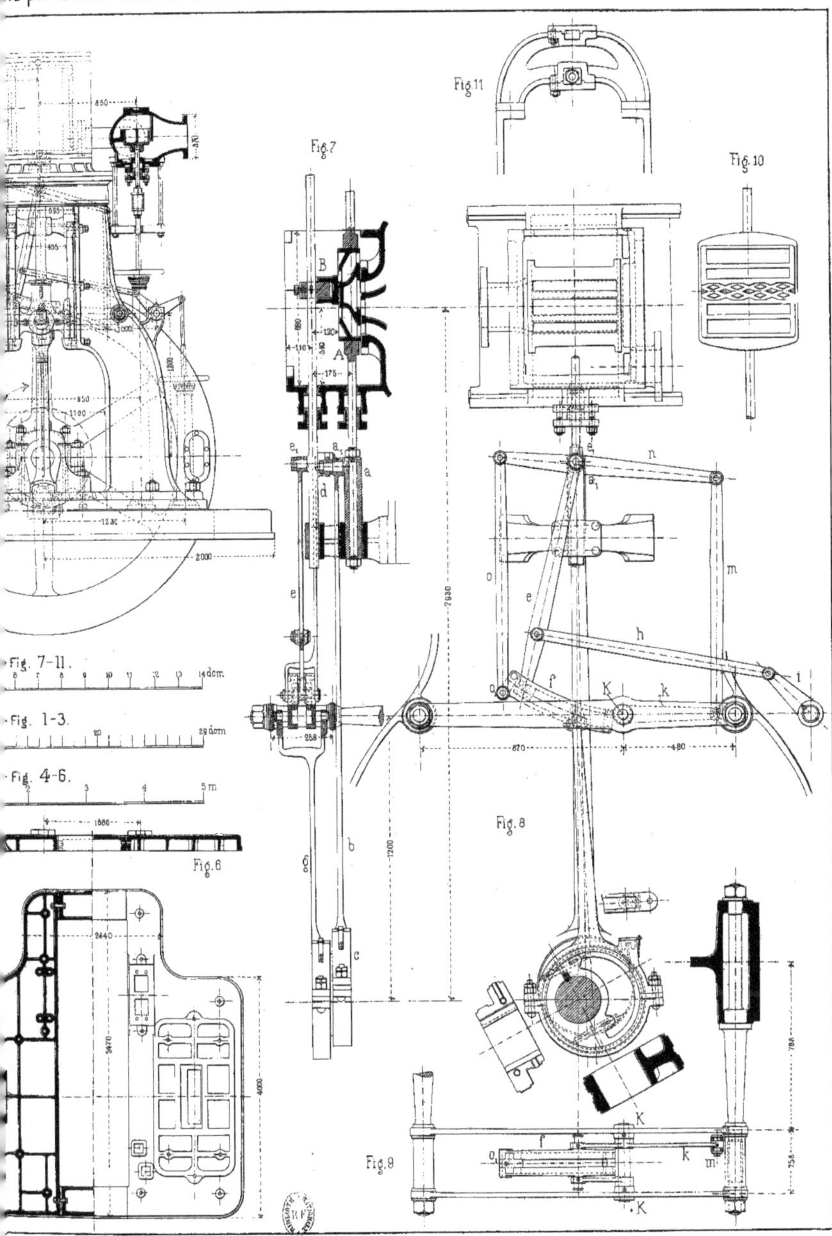

Jmp. E. Nowak, Leipzig.

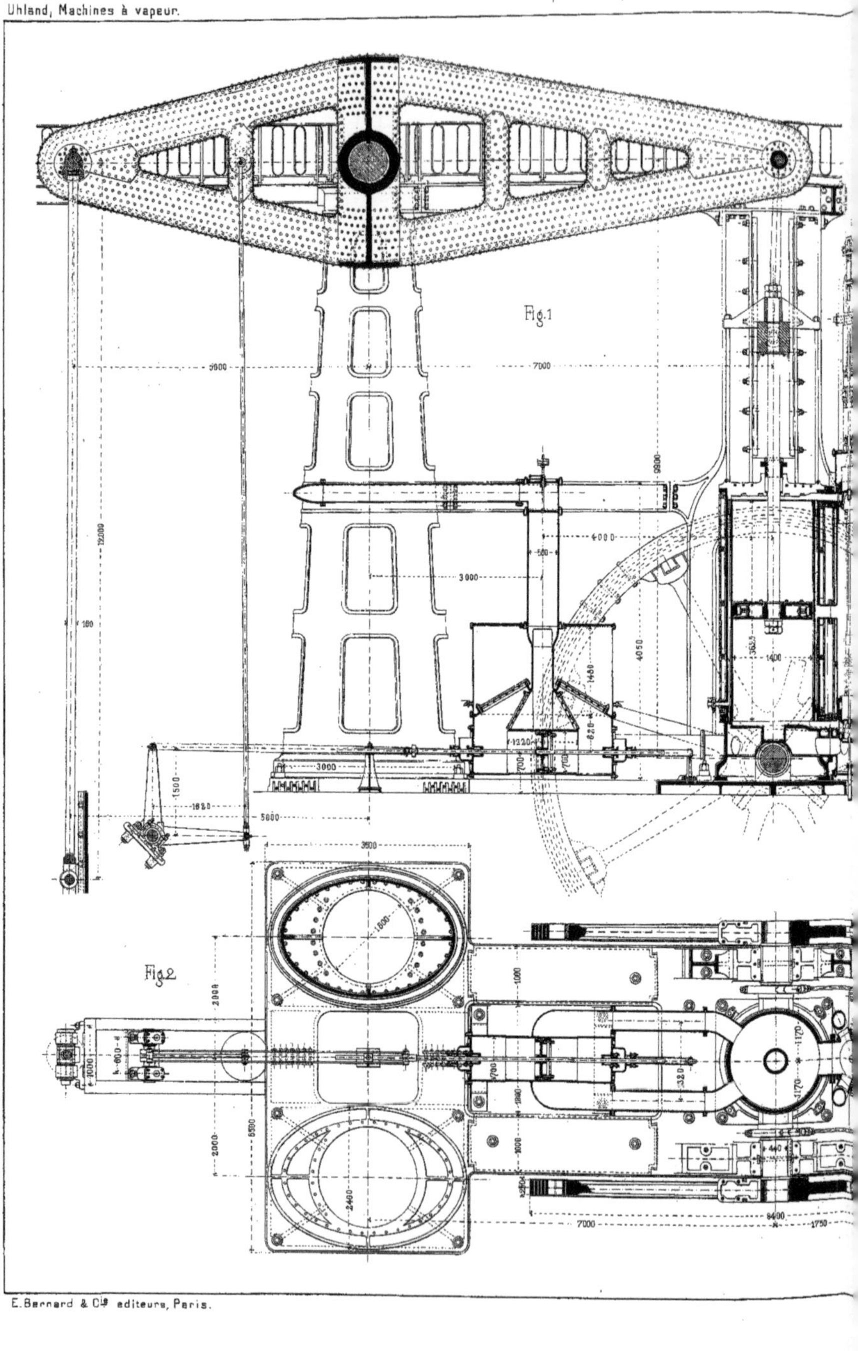

Fig.1

Fig.2

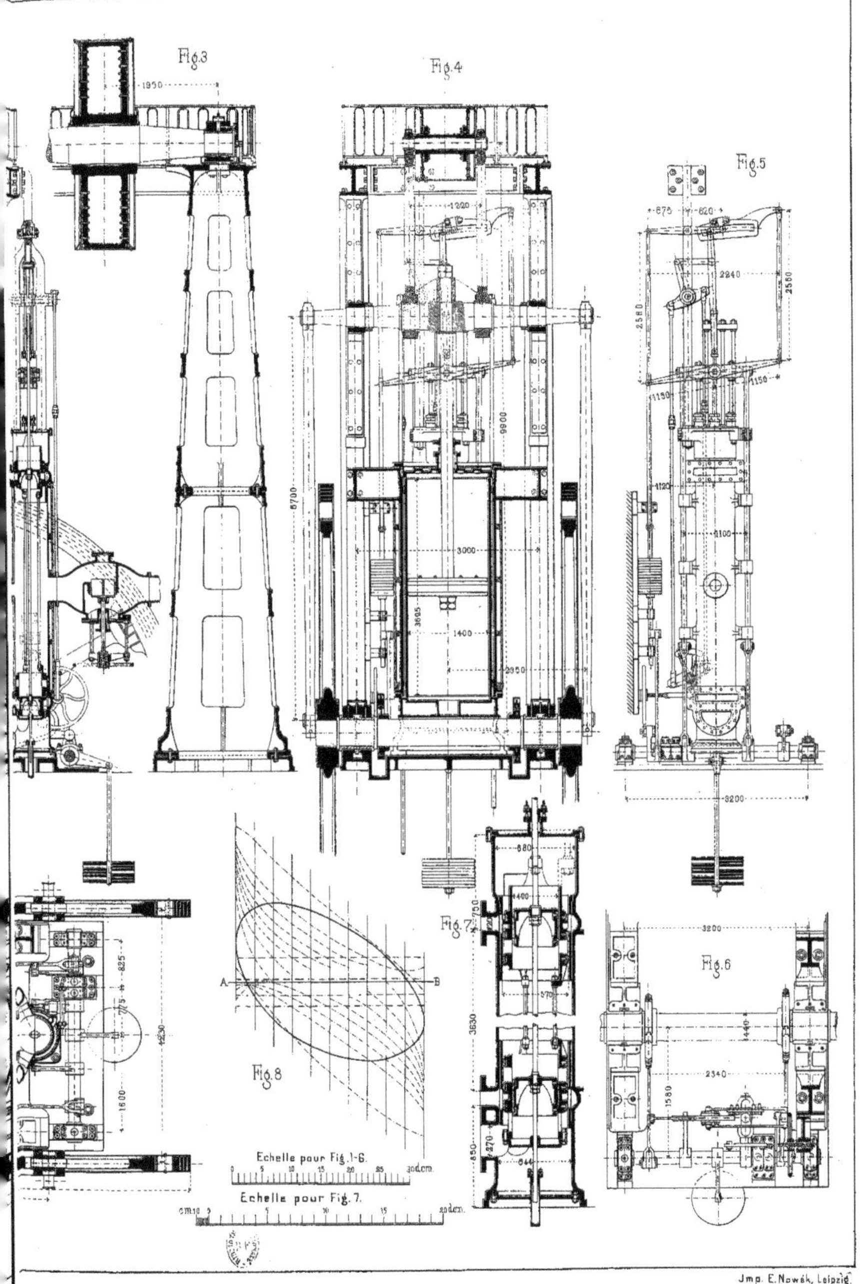
Fig.3
Fig.4
Fig.5
Fig.6
Fig.7
Fig.8
Echelle pour Fig.1-6.
Echelle pour Fig.7.

Machine à vapeur horizontale, à double tiroir, par E. A. Wortmann de Ruhrort. (Fig. 1-5).

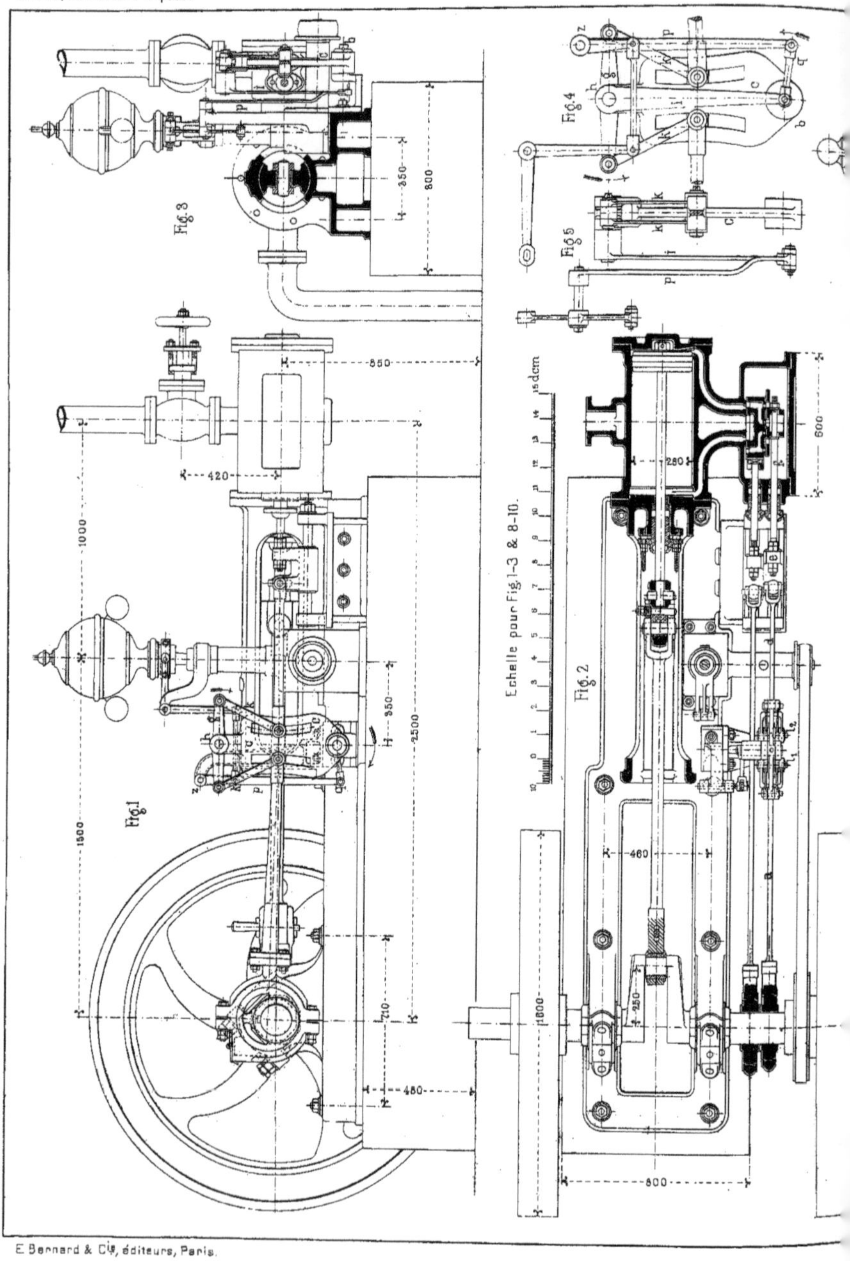

E. Bernard & Cie, éditeurs, Paris.

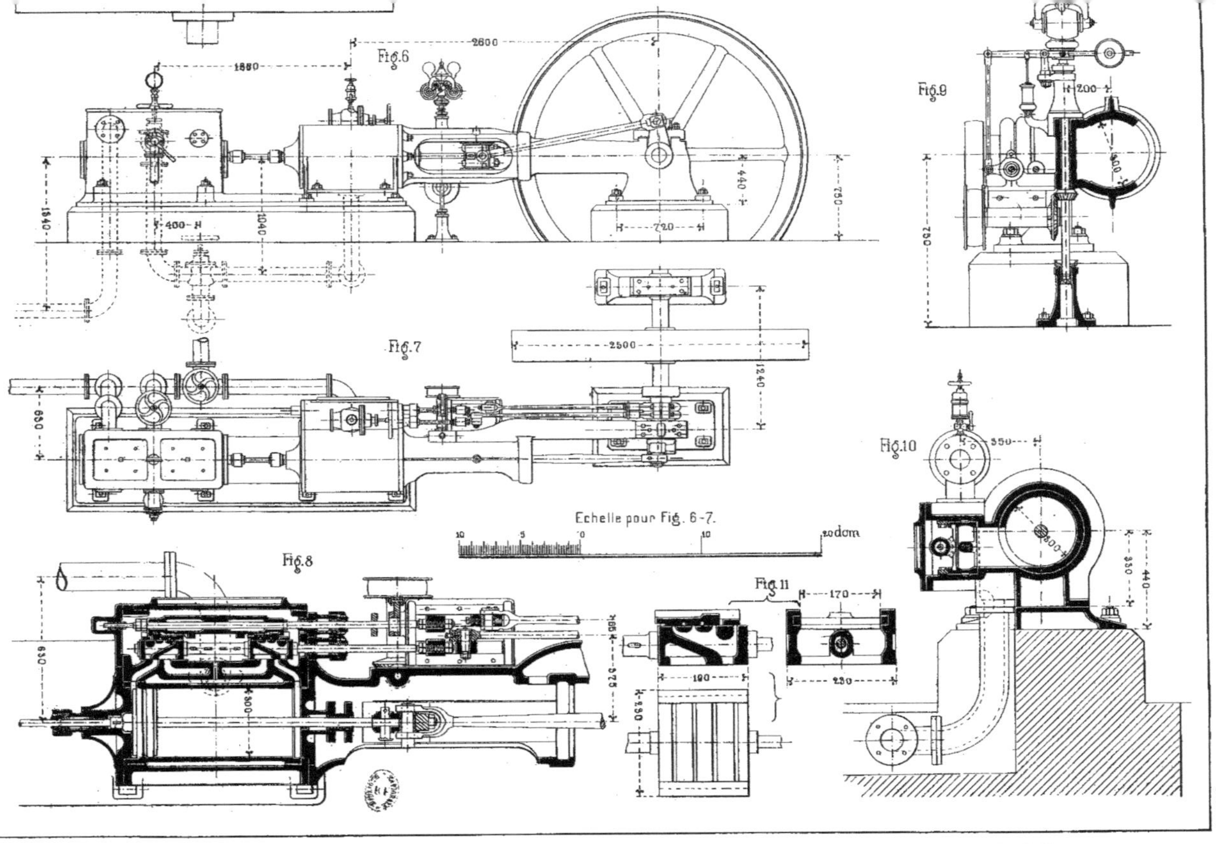

Machine à vapeur horizontale, type à condensation Guhrauer, construite par A. de Becke, de Sundwig. (Fig. 6-11).

Machine à vapeur avec distribution système Rider, des ateliers de Construction des frères Sachsenberg à Rosslau S/Elbe.

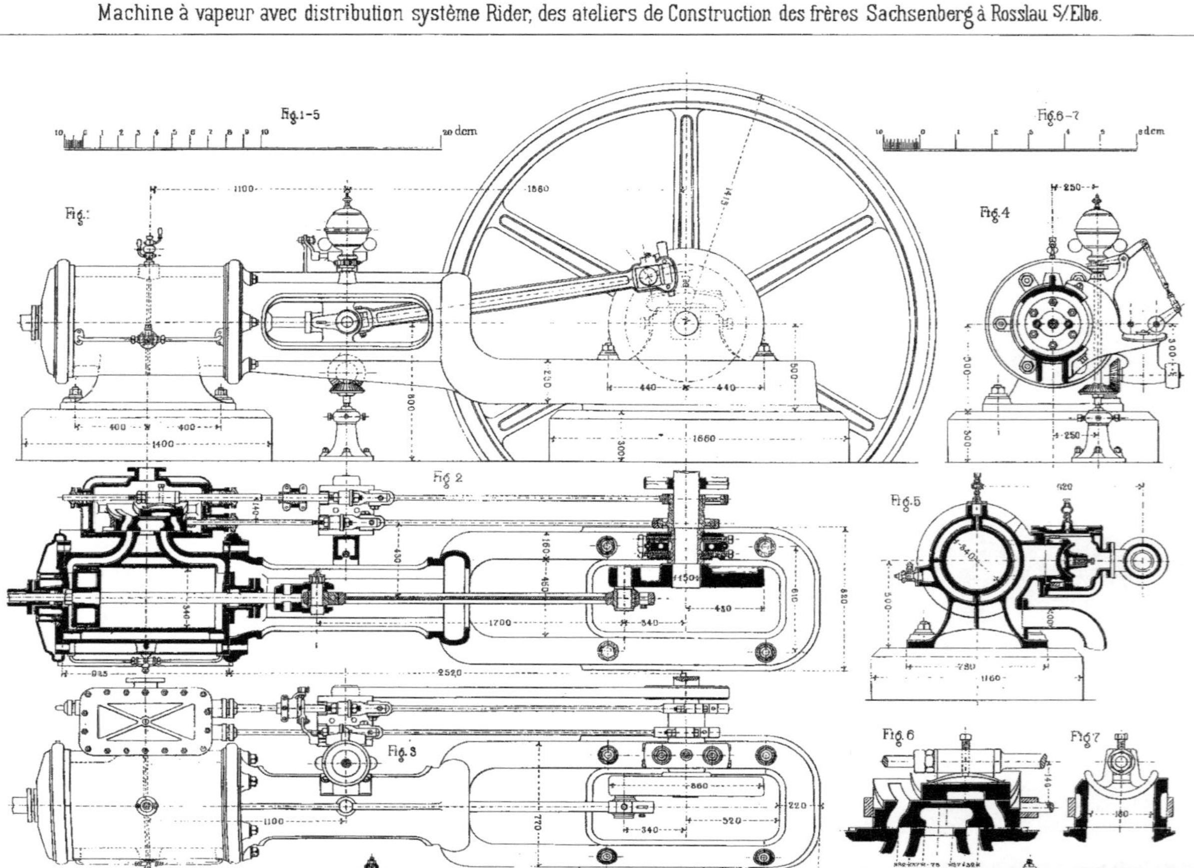

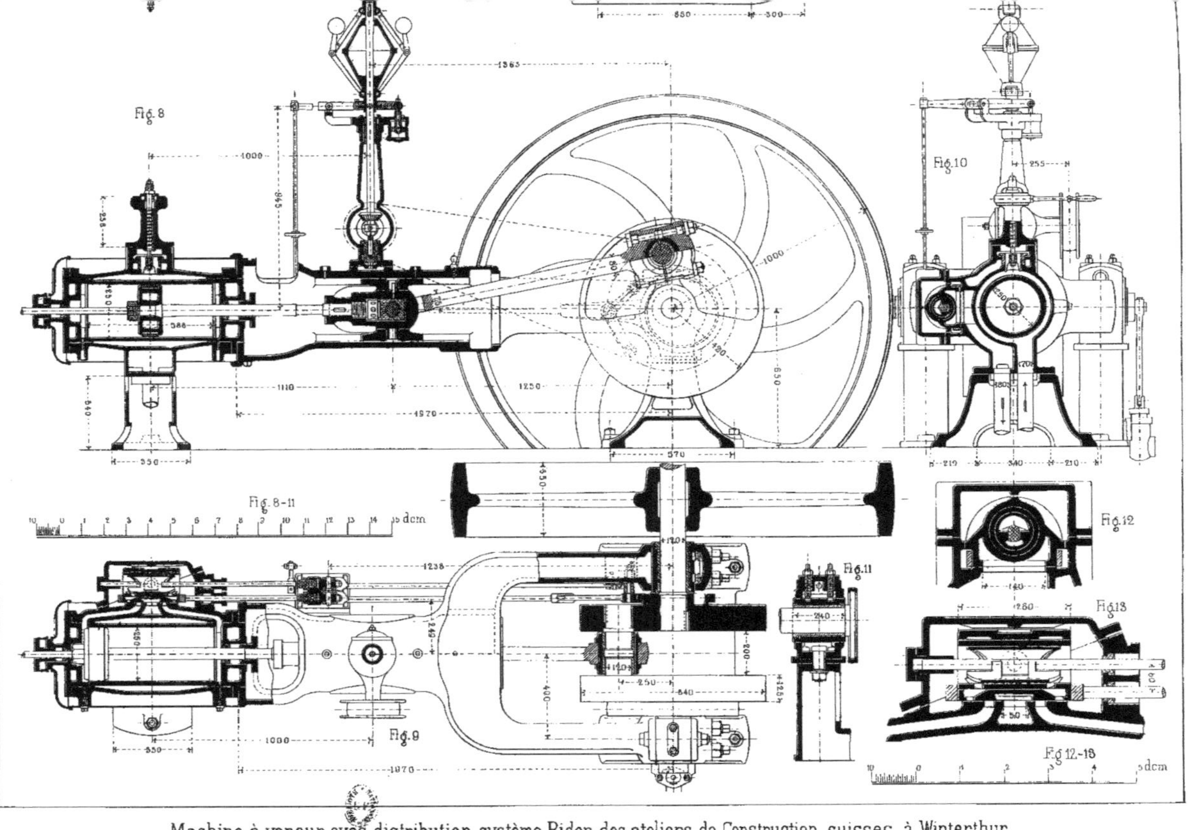

Machine à vapeur avec distribution système Rider, des ateliers de Construction suisses à Winterthur.

Machine à vapeur horizontale avec distribution par tiroir Rider, cons

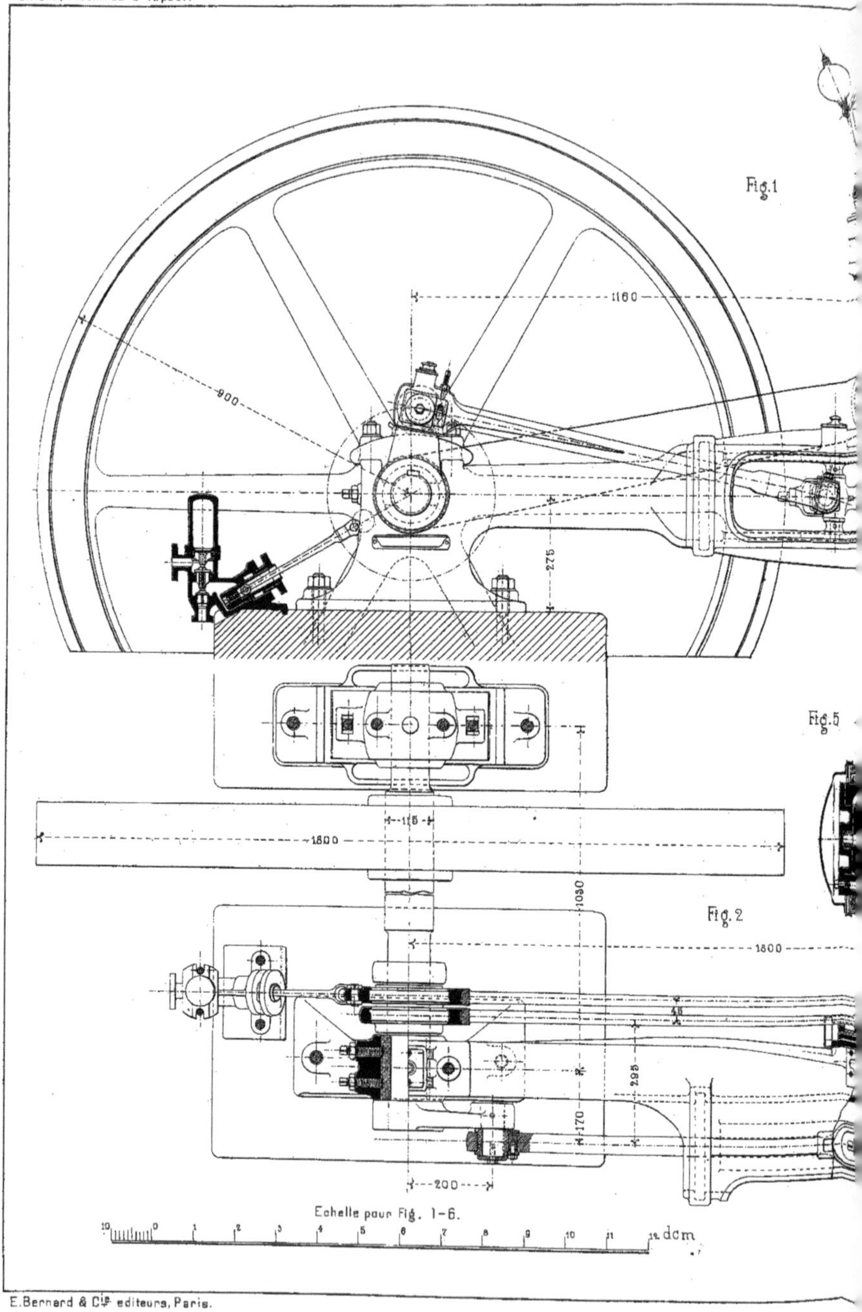

E.Bernard & Cie editeurs, Paris.

Machine à vapeur horizontale avec distribution par tiroir Rider, c

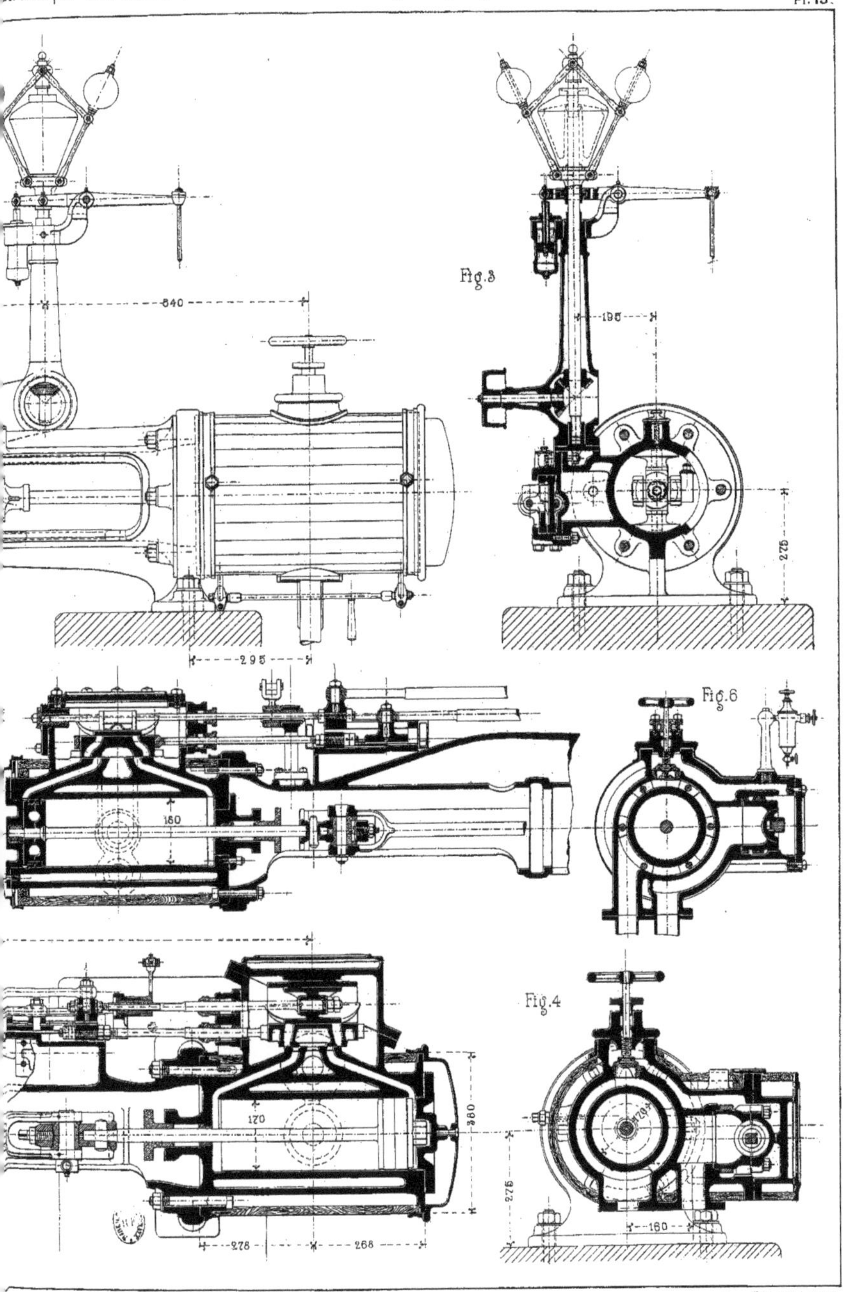

construite par Mess. Sulzer frères à Winterthur. (Fig.5-6).

Machine à vapeur avec distribution par tiroir Rider, construite par G. Sigl, de Vienne.

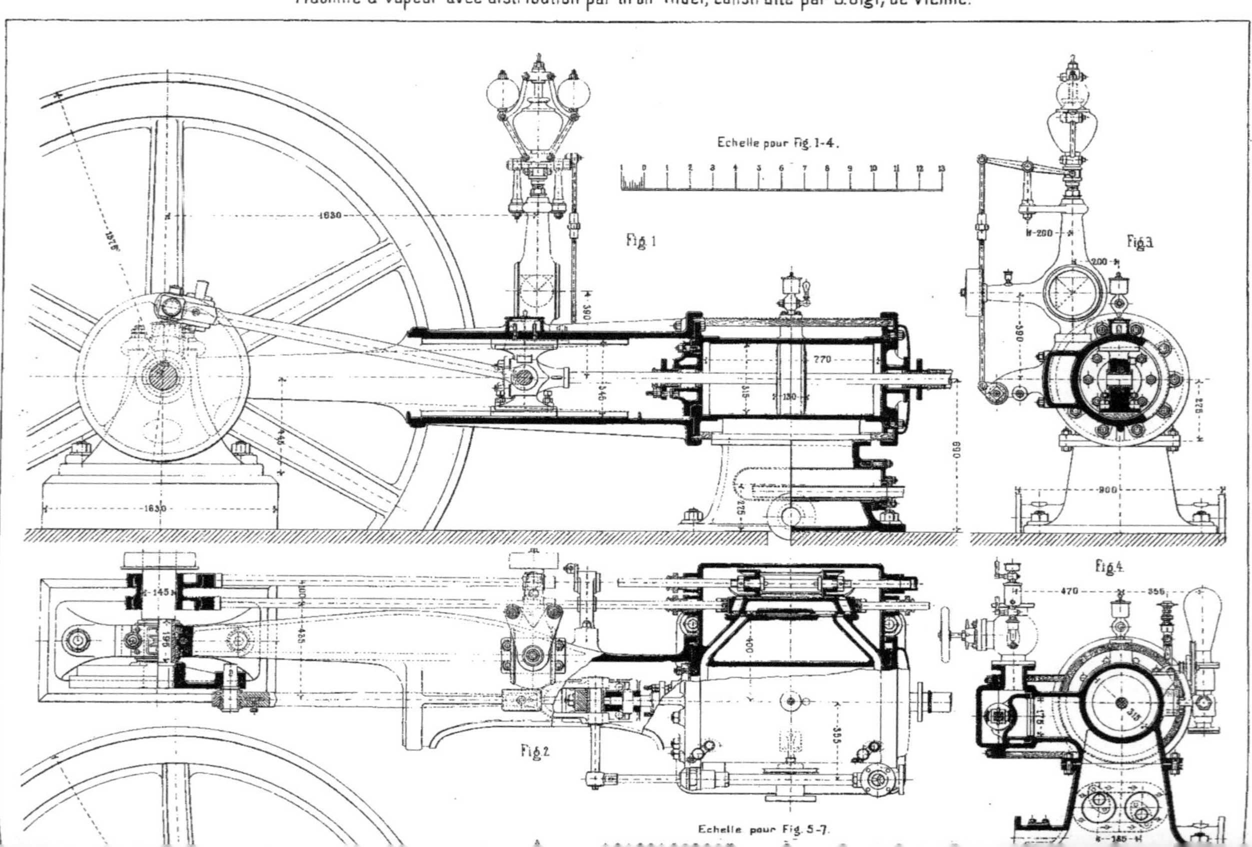

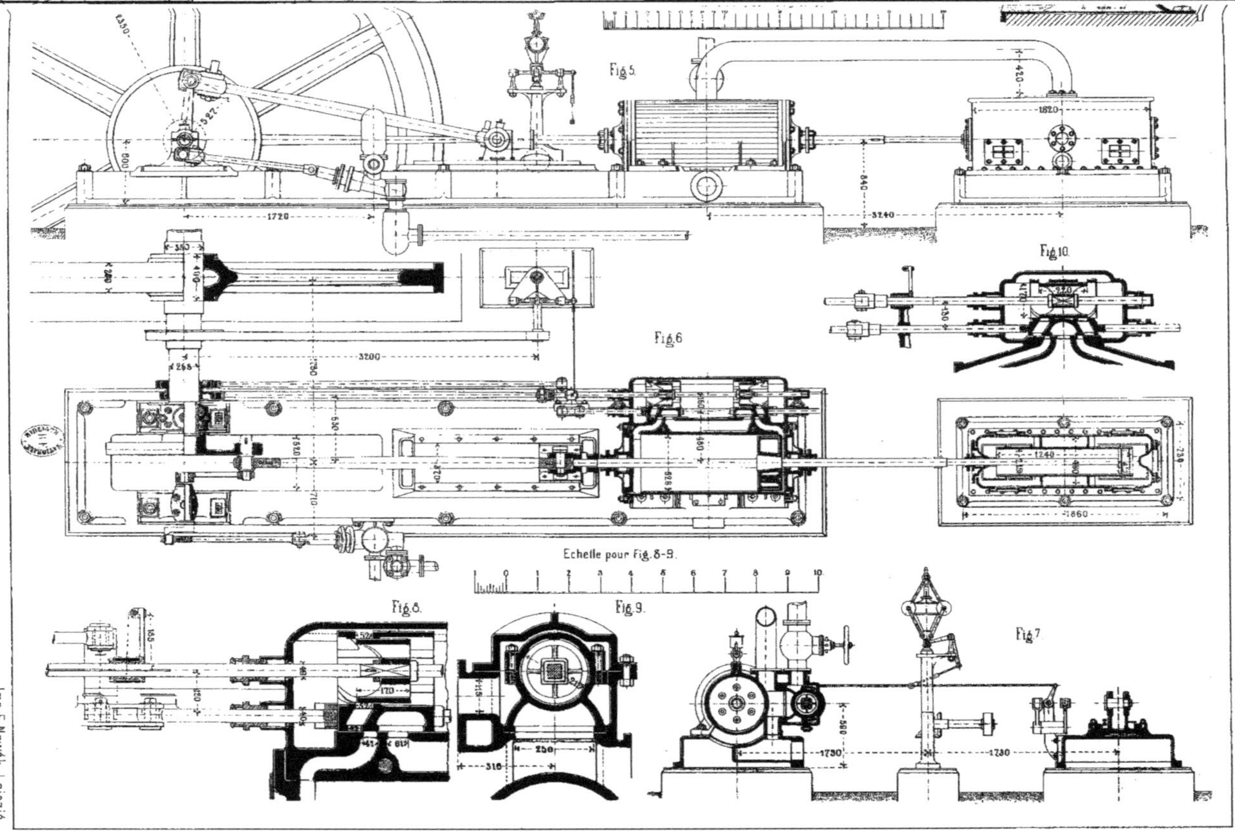

Fig 5.
Fig 6.
Fig 7.
Fig 8.
Fig 9.
Fig 10.
Echelle pour Fig. 8-9.

Machine à vapeur avec distribution par tiroir Rider, executée par les Atéliers de construction de machines du Rhin de Kalk, près Deutz. (Fig. 1-5).

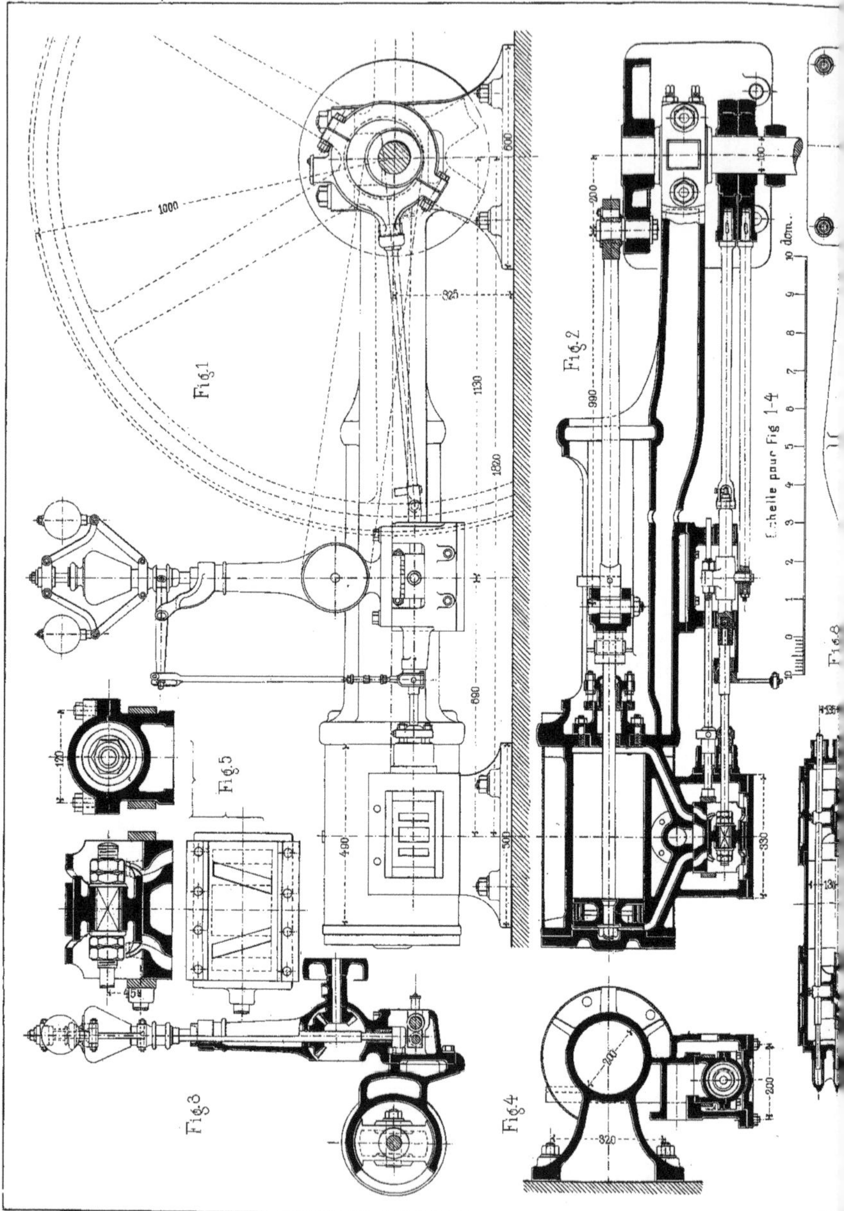

E. Bernard & Cie, editeurs, Paris.

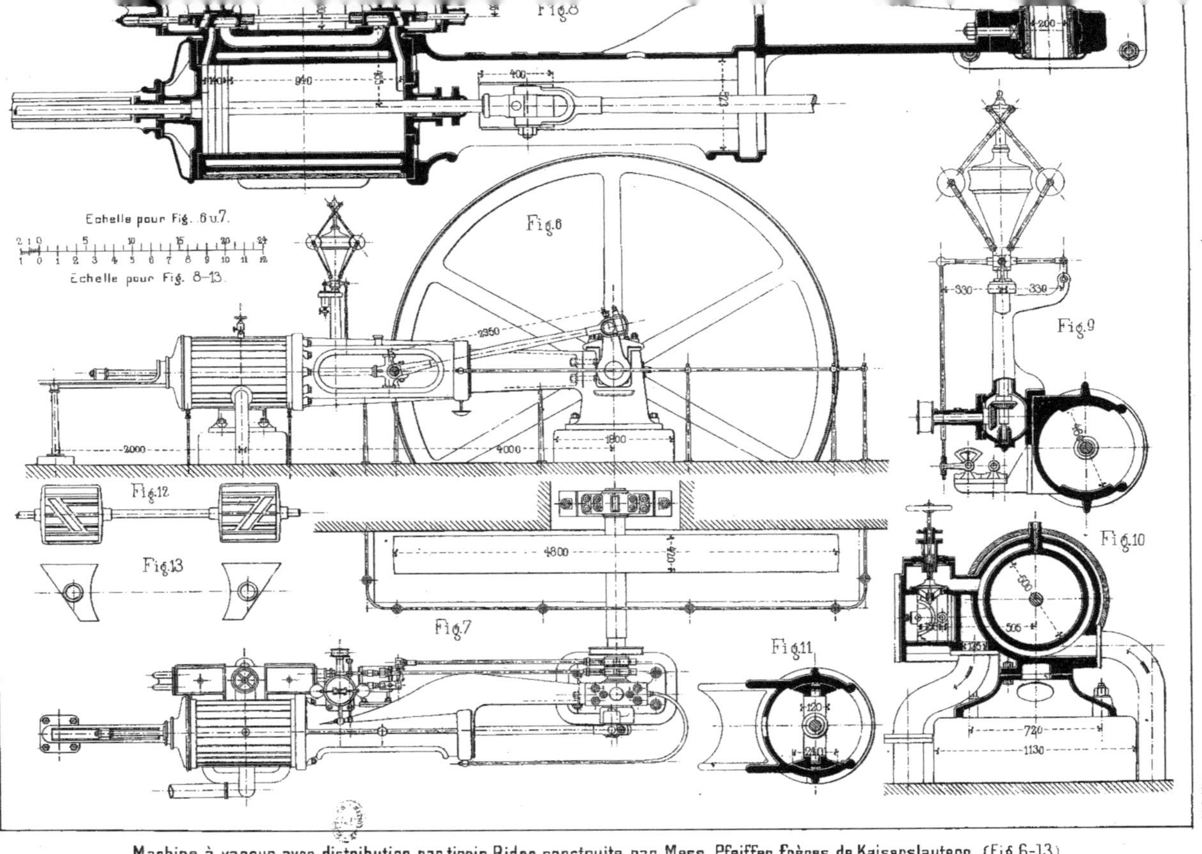

Machine à vapeur avec distribution par tiroir Rider, construite par Mess. Pfeiffer, frères de Kaiserslautern. (Fig. 6–13).

Machine Woolf de Crespin et Marteau de Paris. (Fig. 1 à 6).

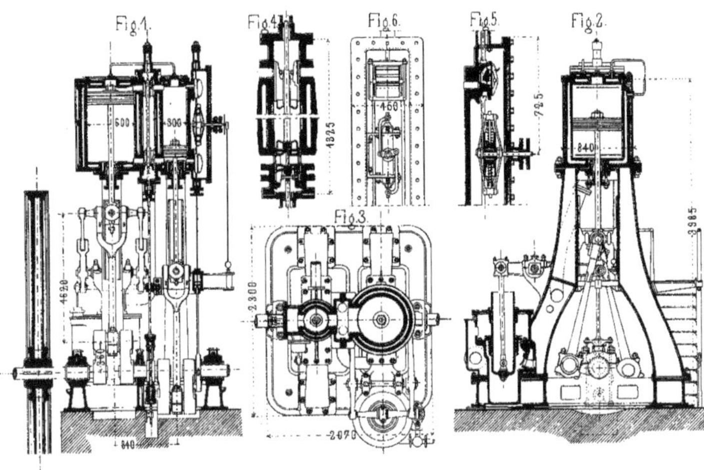

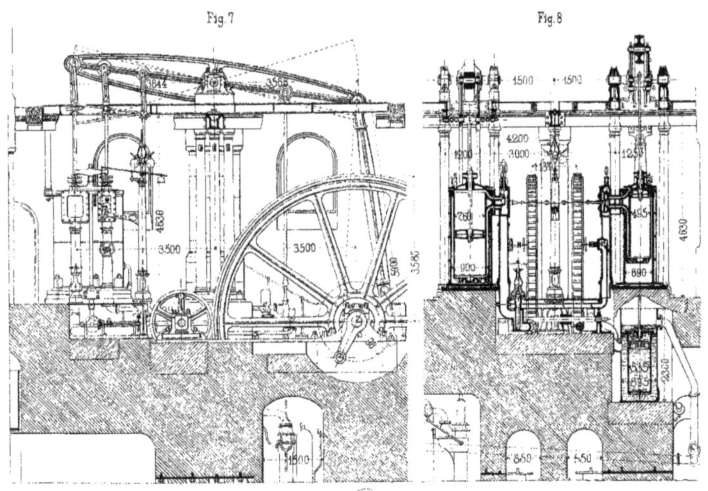

Machine Woolf de Brissoneau frères de Nantes (Fig.7 et 8).

E. Bernard & Cie, éditeurs, Paris.   Imp. G.A. Lohse, Leipzig.

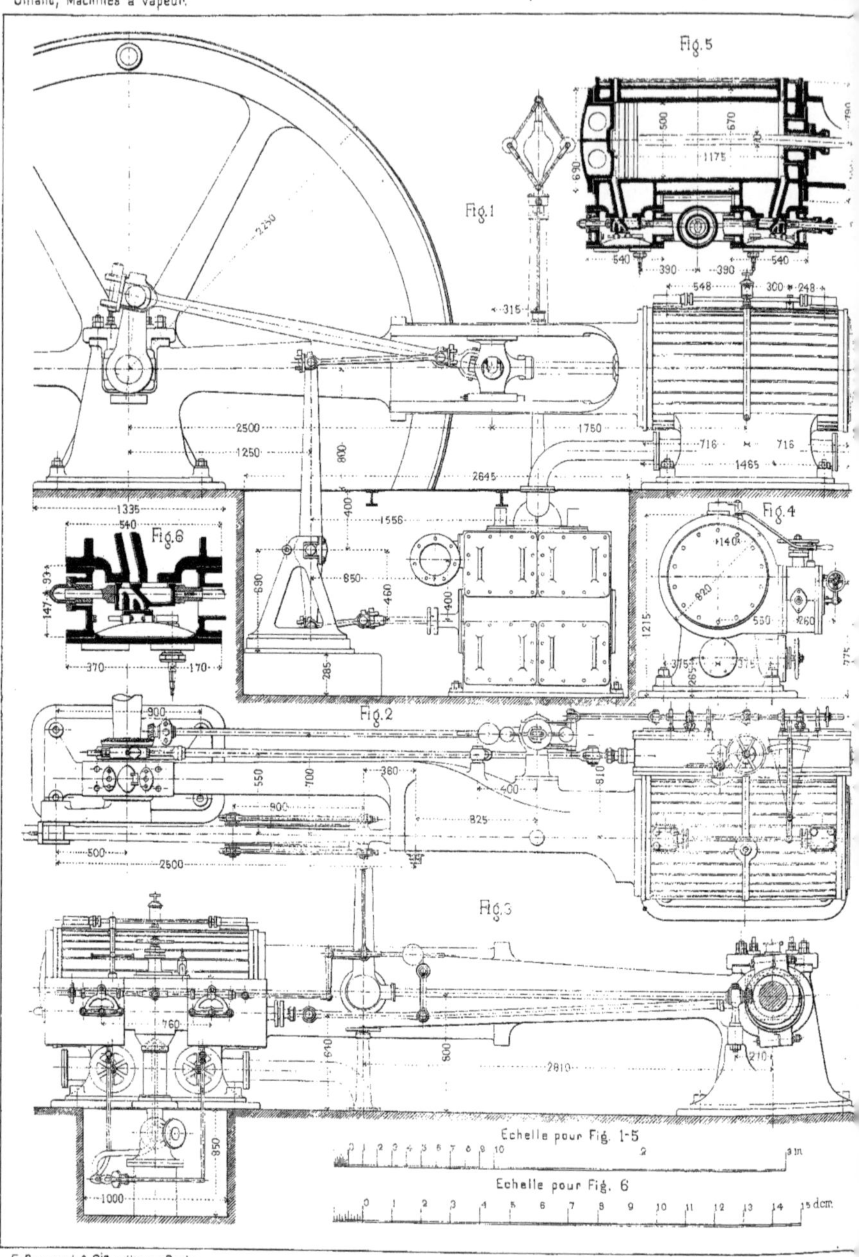

Machine à vapeur avec distribution par tiroir Meyer.

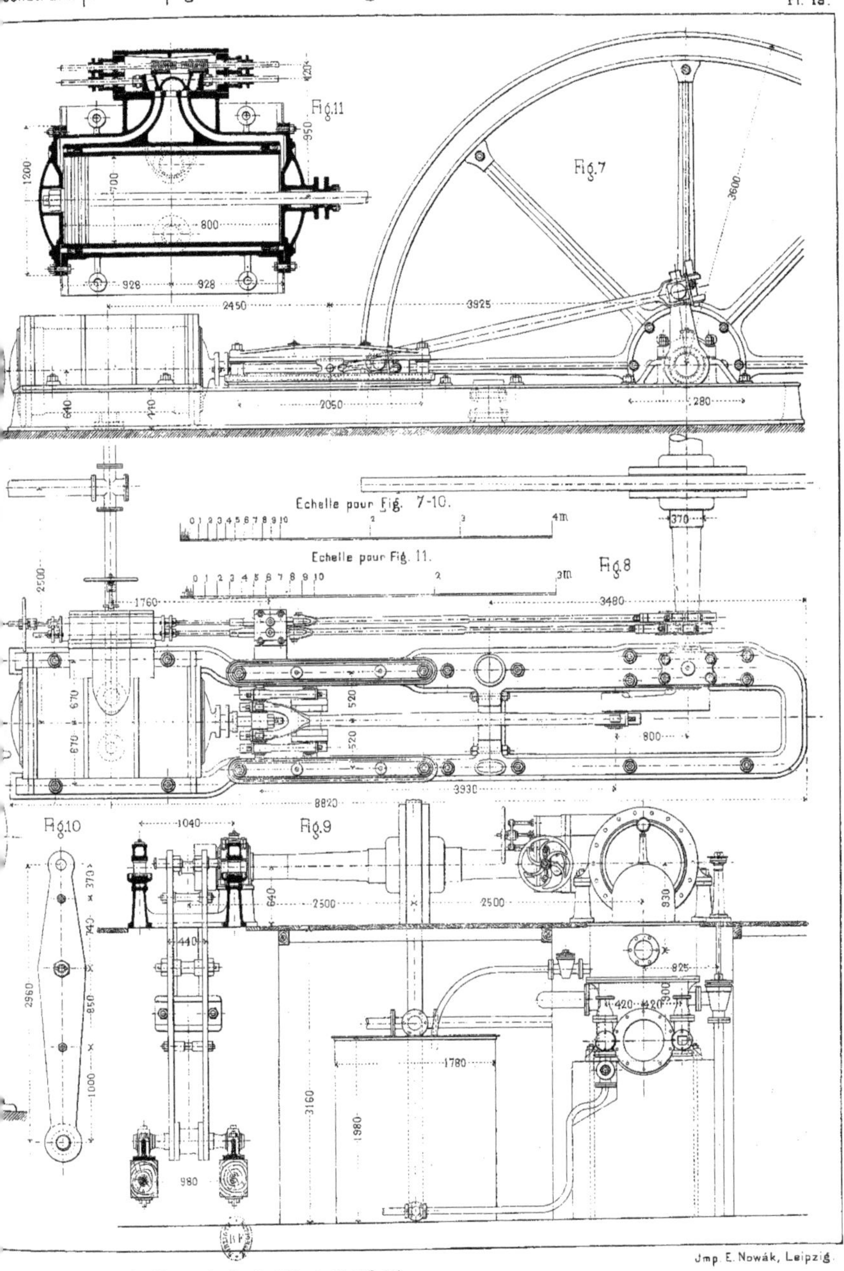

construite par Le Brun, de Creil. (Oise). (Fig.7-11).

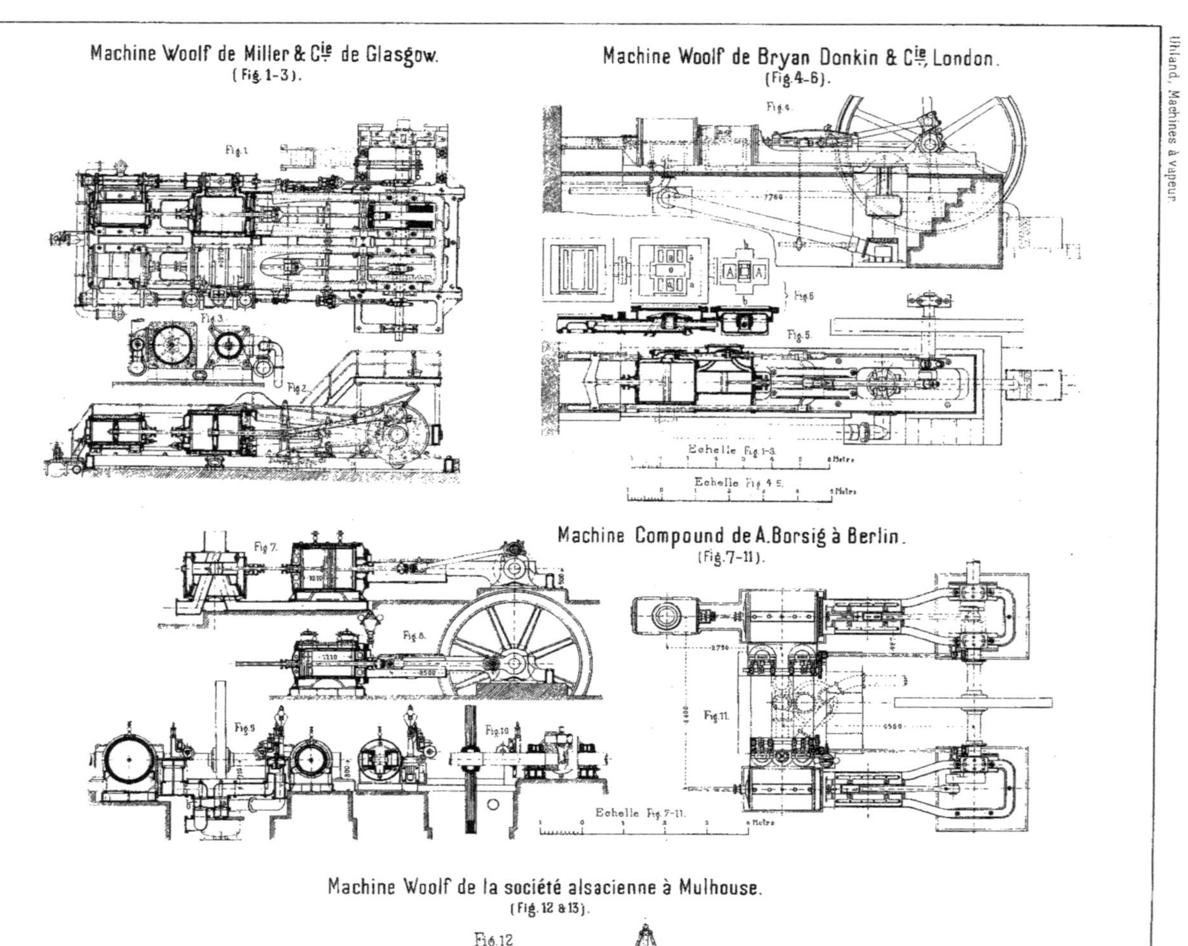

Machine Woolf de Miller & Cie de Glasgow.
(Fig. 1-3).
Fig. 1
Fig. 3
Fig. 2
Machine Woolf de Bryan Donkin & Cie, London.
(Fig. 4-6).
Fig. 4
Fig. 6
Fig. 5
Echelle Fig. 1-3.
Echelle Fig. 4.5.
Machine Compound de A. Borsig à Berlin.
(Fig. 7-11).
Fig. 7
Fig. 8
Fig. 9
Fig. 10
Fig. 11
Echelle Fig. 7-11.
Machine Woolf de la société alsacienne à Mulhouse.
(Fig. 12 & 13).
Fig. 12

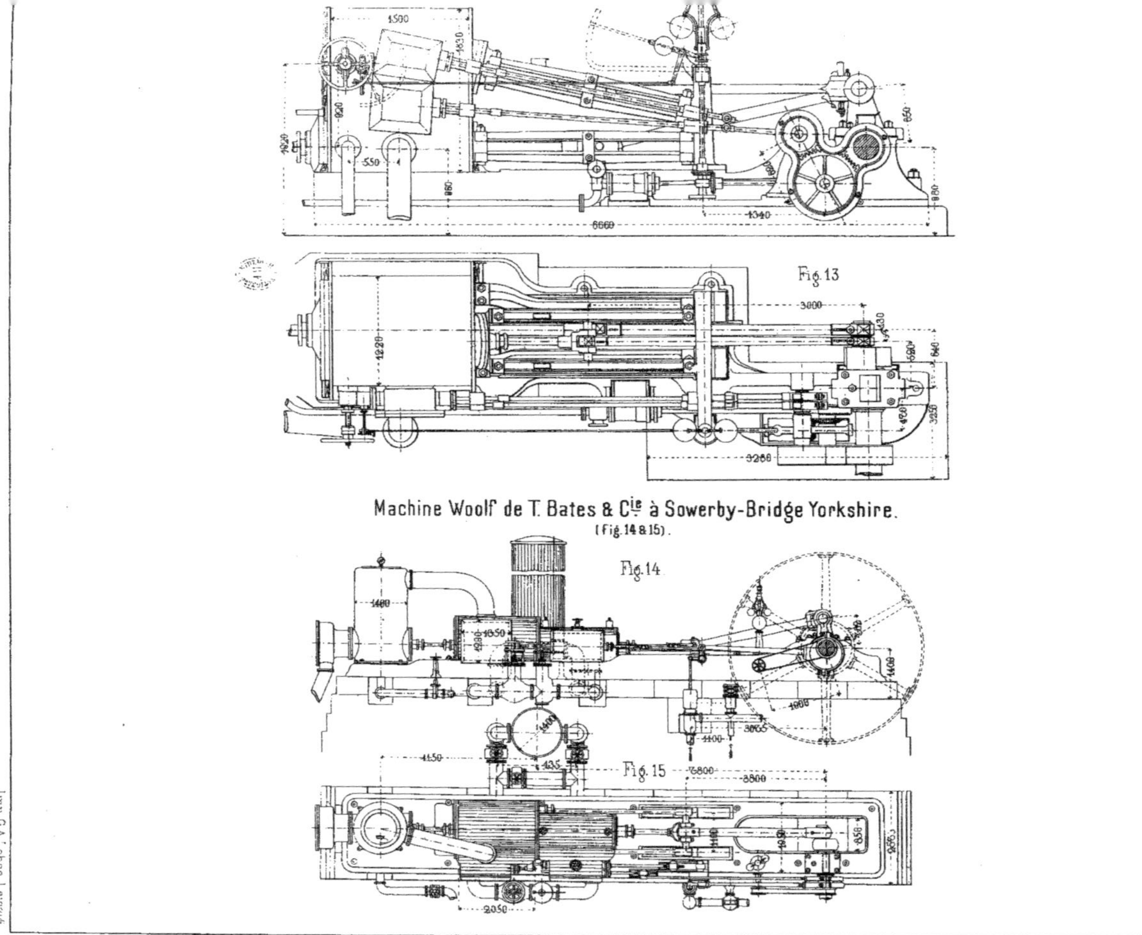
Fig.13
Machine Woolf de T. Bates & Cie à Sowerby-Bridge Yorkshire.
(Fig.14 & 15).
Fig.14
Fig.15

Machine à vapeur avec distribution Farcot des ateliers de Construction des frères Schmaltz à Offenbach S/M.

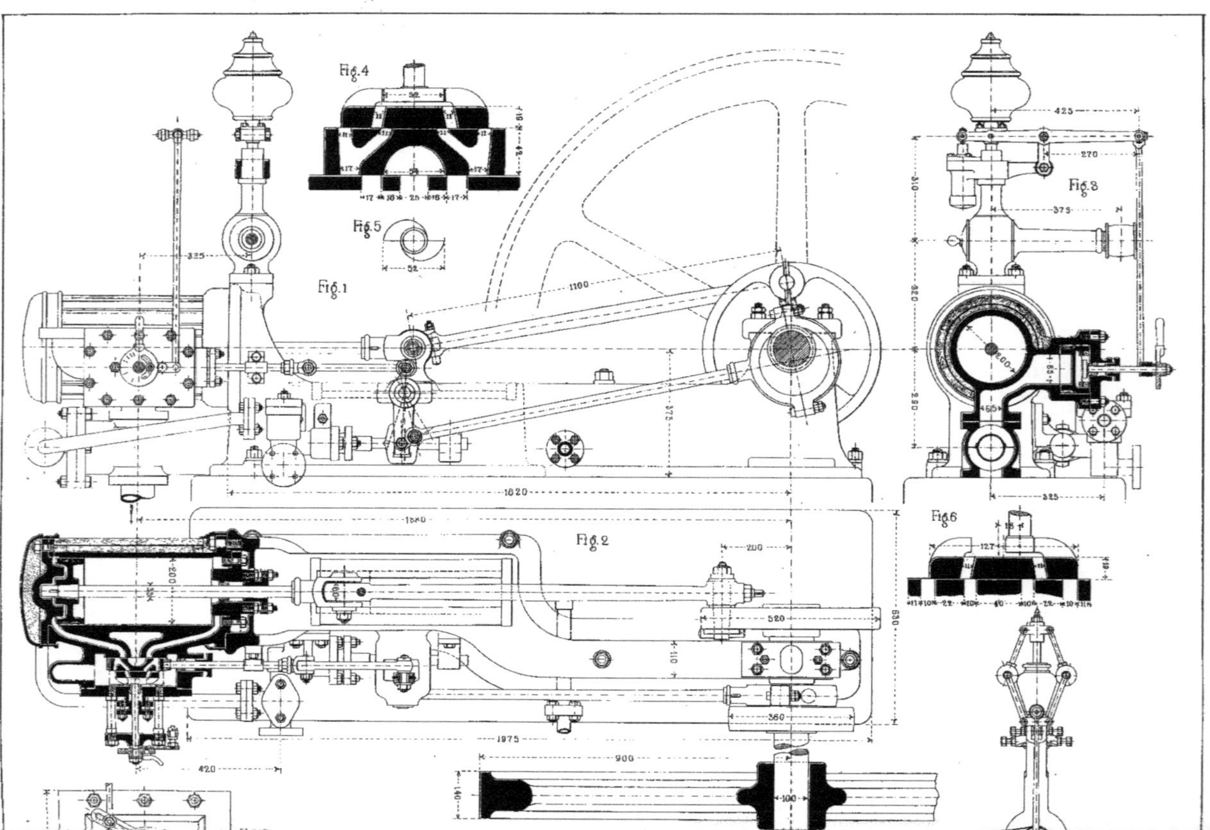

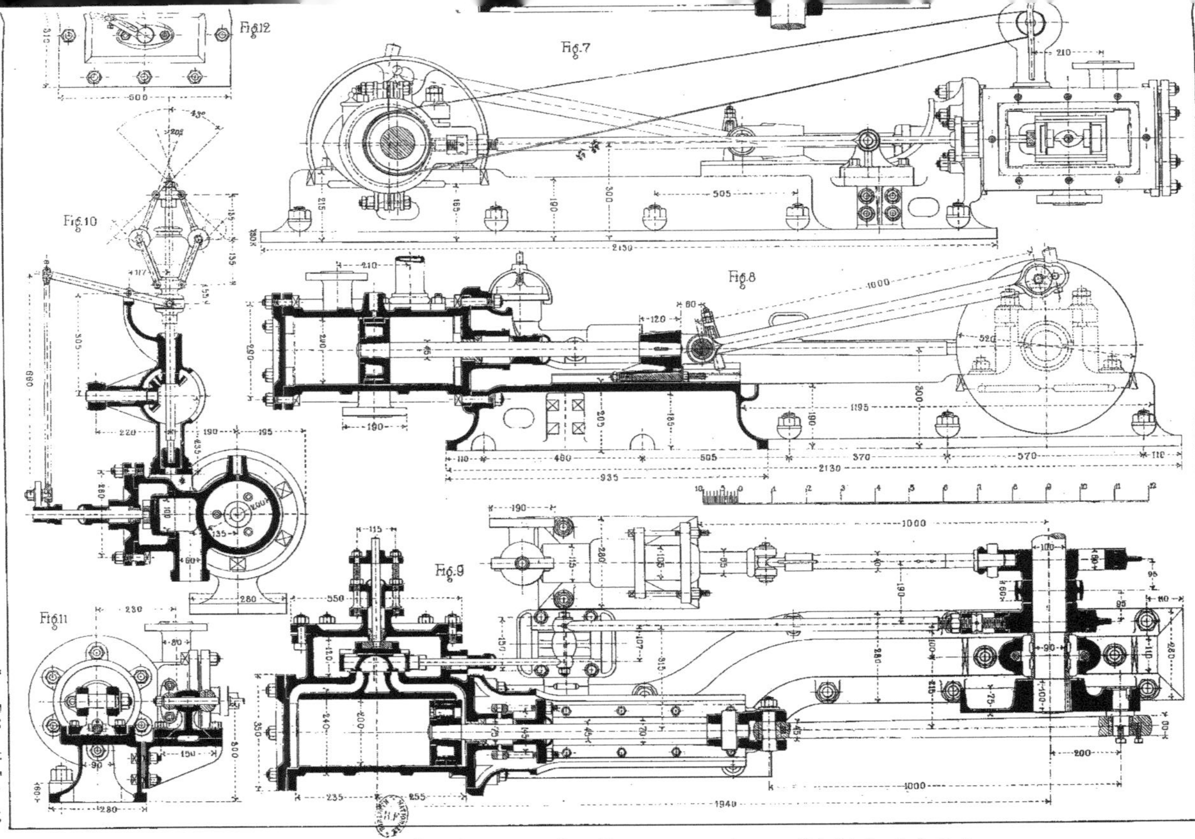

Machine à vapeur avec distribution systéme Farcot, construite par C. de Liphart, Jngénieur.

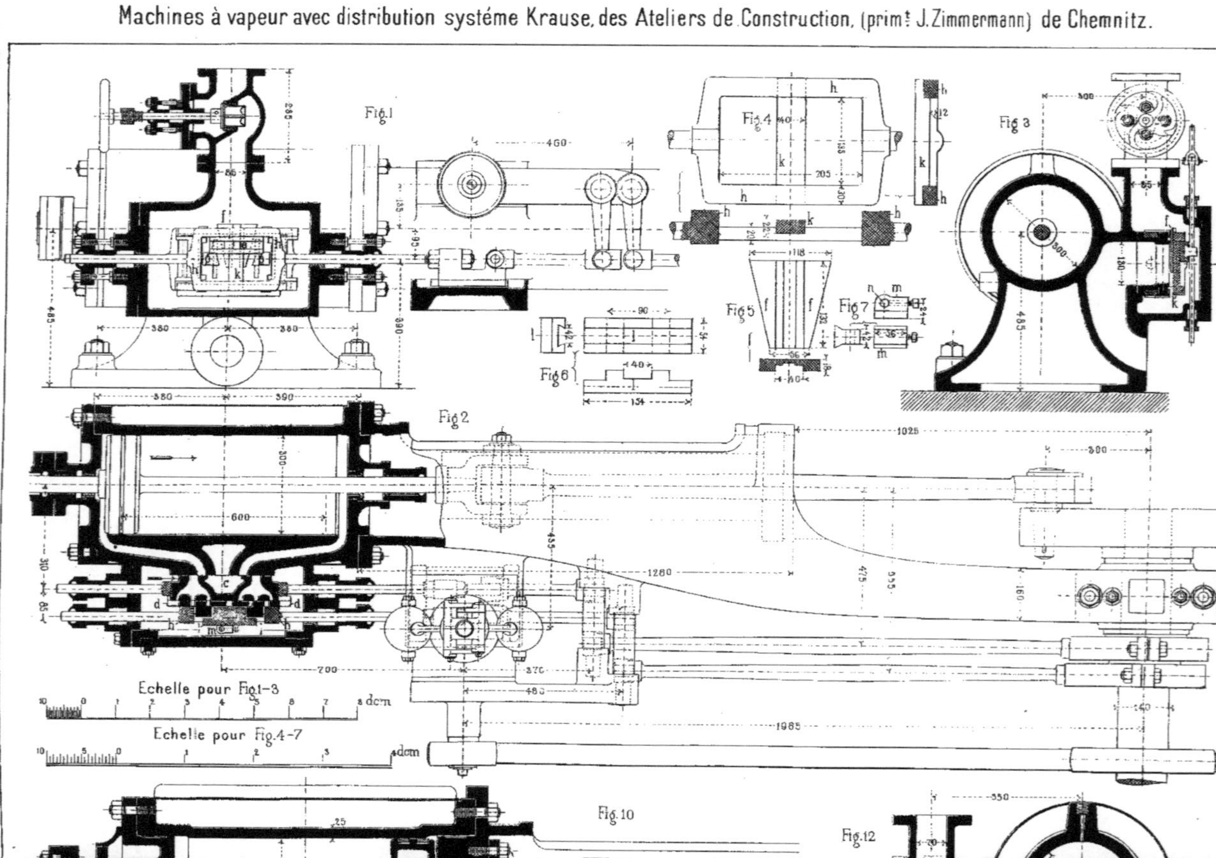

Machines à vapeur avec distribution systéme Krause, des Ateliers de Construction, (prim.t J.Zimmermann) de Chemnitz.
Uhland, Machines à vapeur.
E.Bernard, editeur, Paris.
Fig.1
Fig.2
Fig.3
Fig.4
Fig.5
Fig.6
Fig.7
Fig.10
Fig.12
Echelle pour Fig.1-3
Echelle pour Fig.4-7

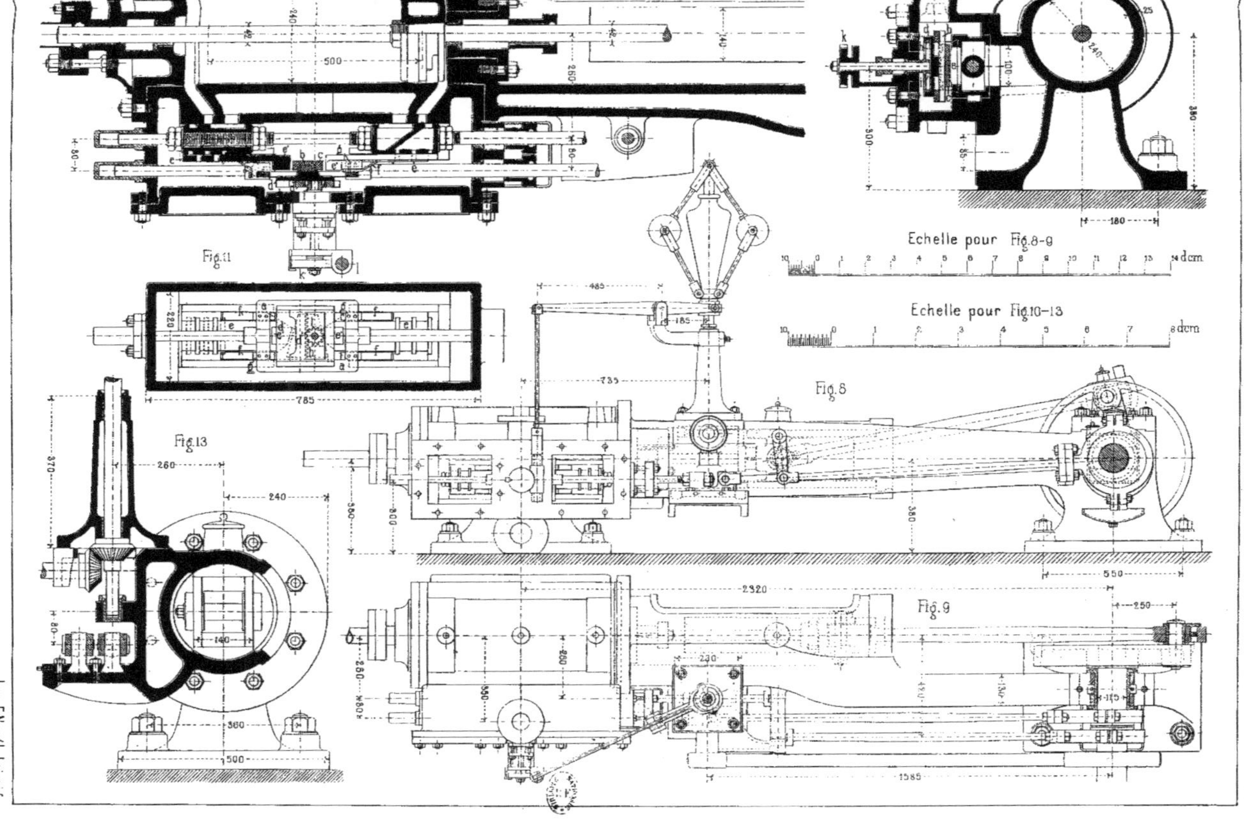
Fig.11
Echelle pour Fig.8-9
Echelle pour Fig.10-13
Fig.13
Fig.8
Fig.9

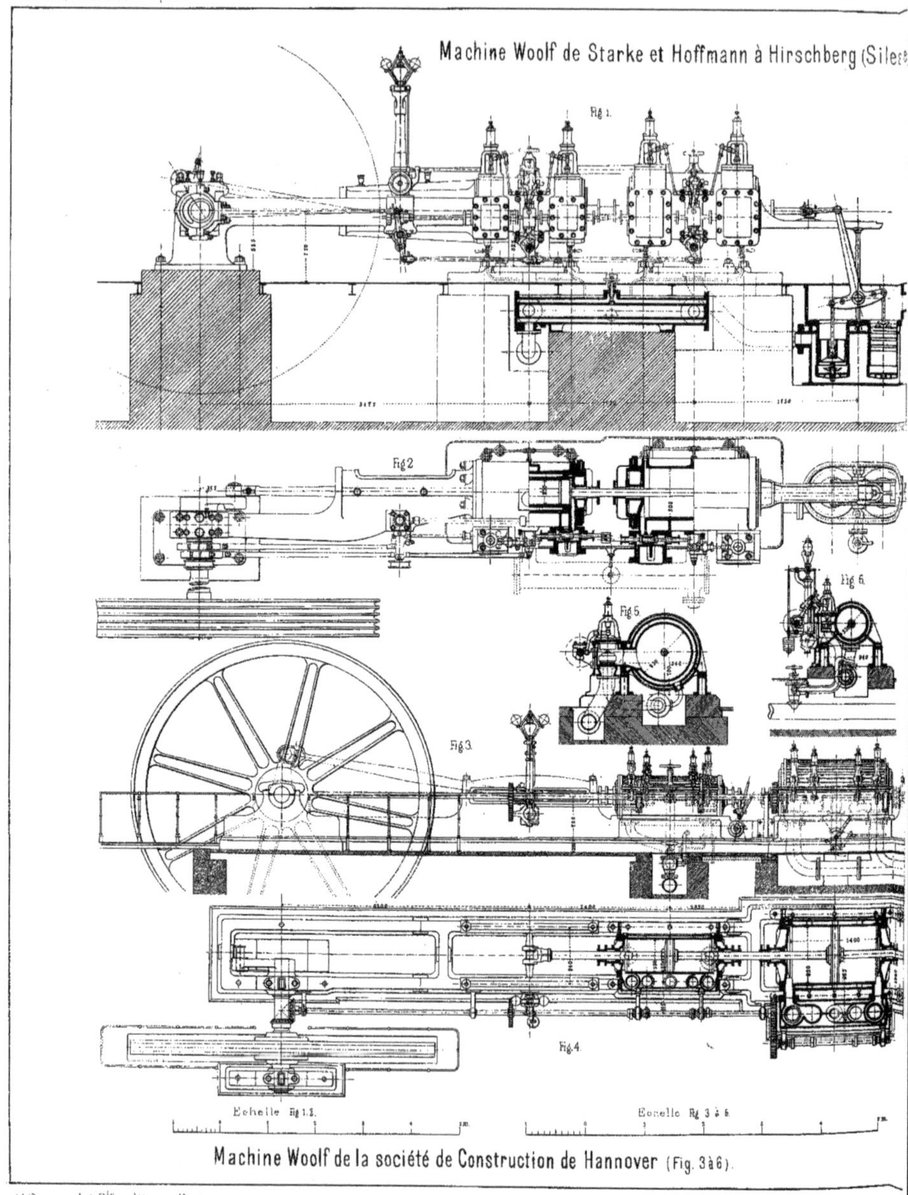

Machine Woolf de la société de Construction de Hannover (Fig. 3 à 6).

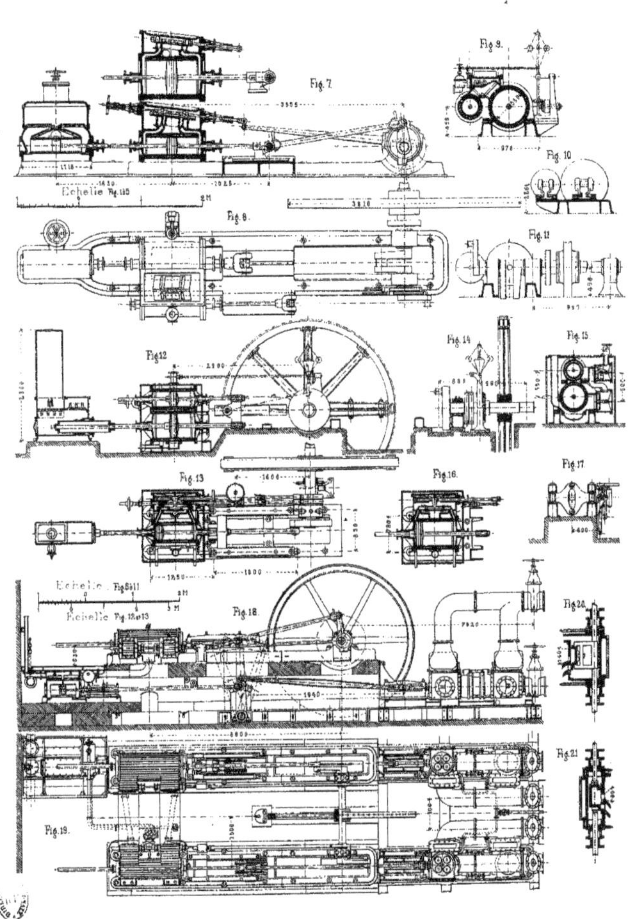

esie) Fig. 1 et 2.
Machine Woolf de la société de Construction à Prague.
(Fig 7 à 21).
Fig. 7
Fig. 9.
Fig. 10
Fig. 8.
Fig. 11
Echelle
Fig. 12
Fig. 14
Fig. 15
Fig. 13
Fig. 16
Fig. 17
Echelle
Echelle
Fig. 18
Fig. 20
Fig. 21
Fig. 19

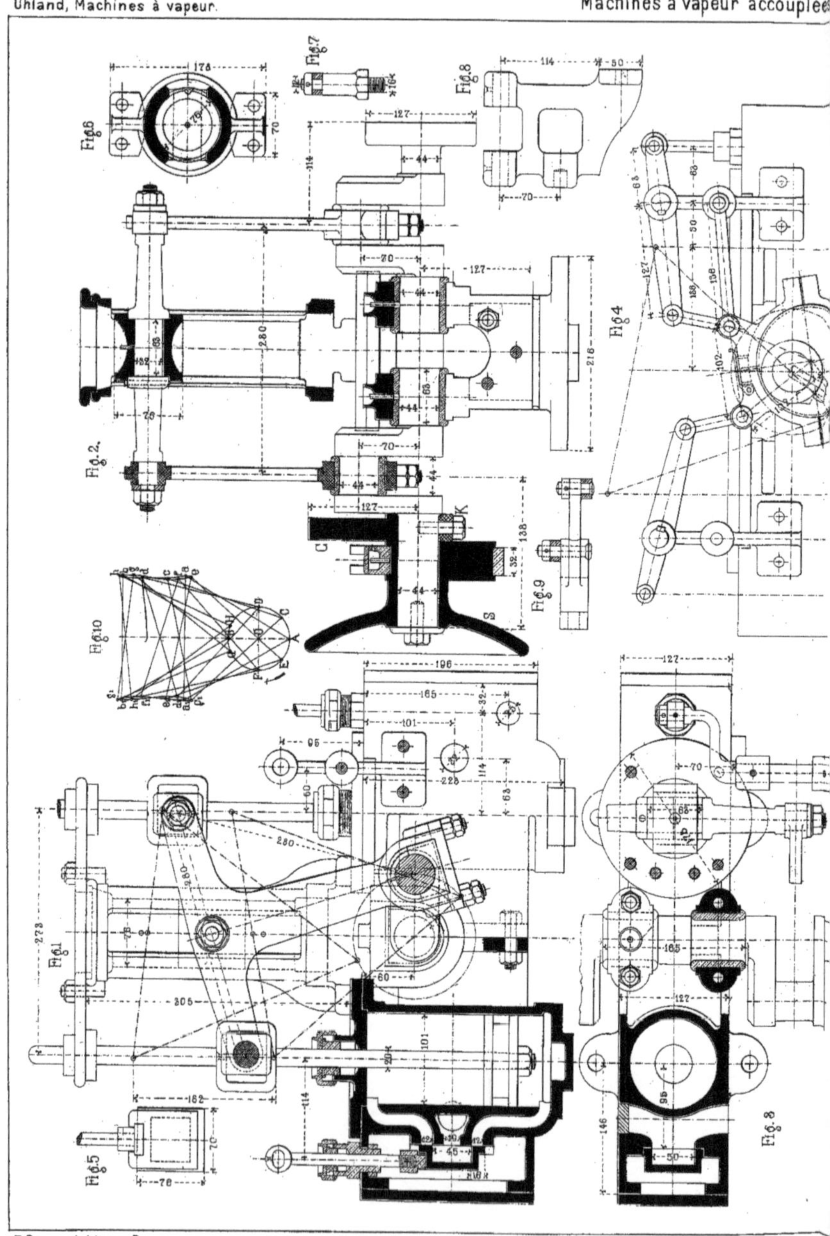
Fig.6
Fig.7
Fig.8
Fig.4
Fig.2
Fig.9
Fig.10
Fig.1
Fig.5
Fig.3
C
K
S
178
114
127
70
127
216
138
196
165
101
95
280
305
182
223
146
165
127
70
50
63
280
44
70
44

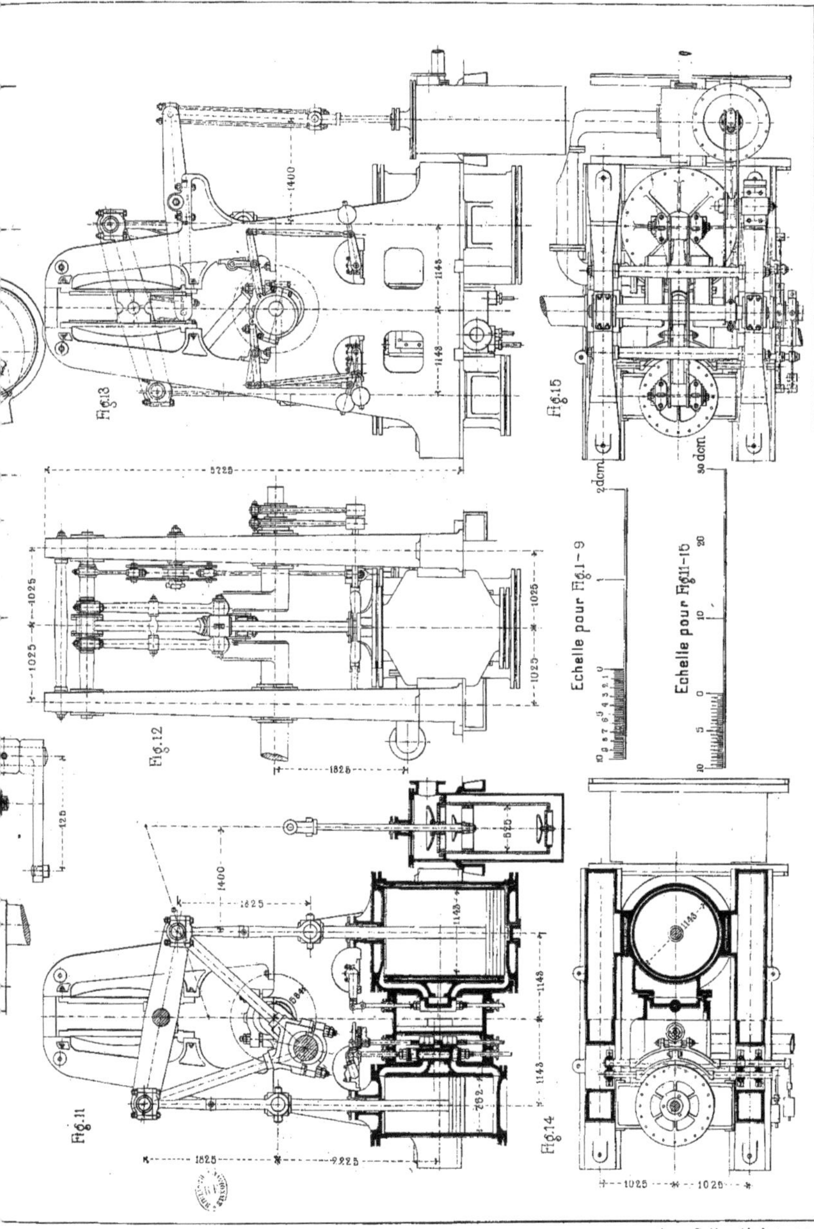
Fig.13
Fig.15
Fig.12
Fig.11
Fig.14
Echelle pour Fig.1-9
Echelle pour Fig.11-15

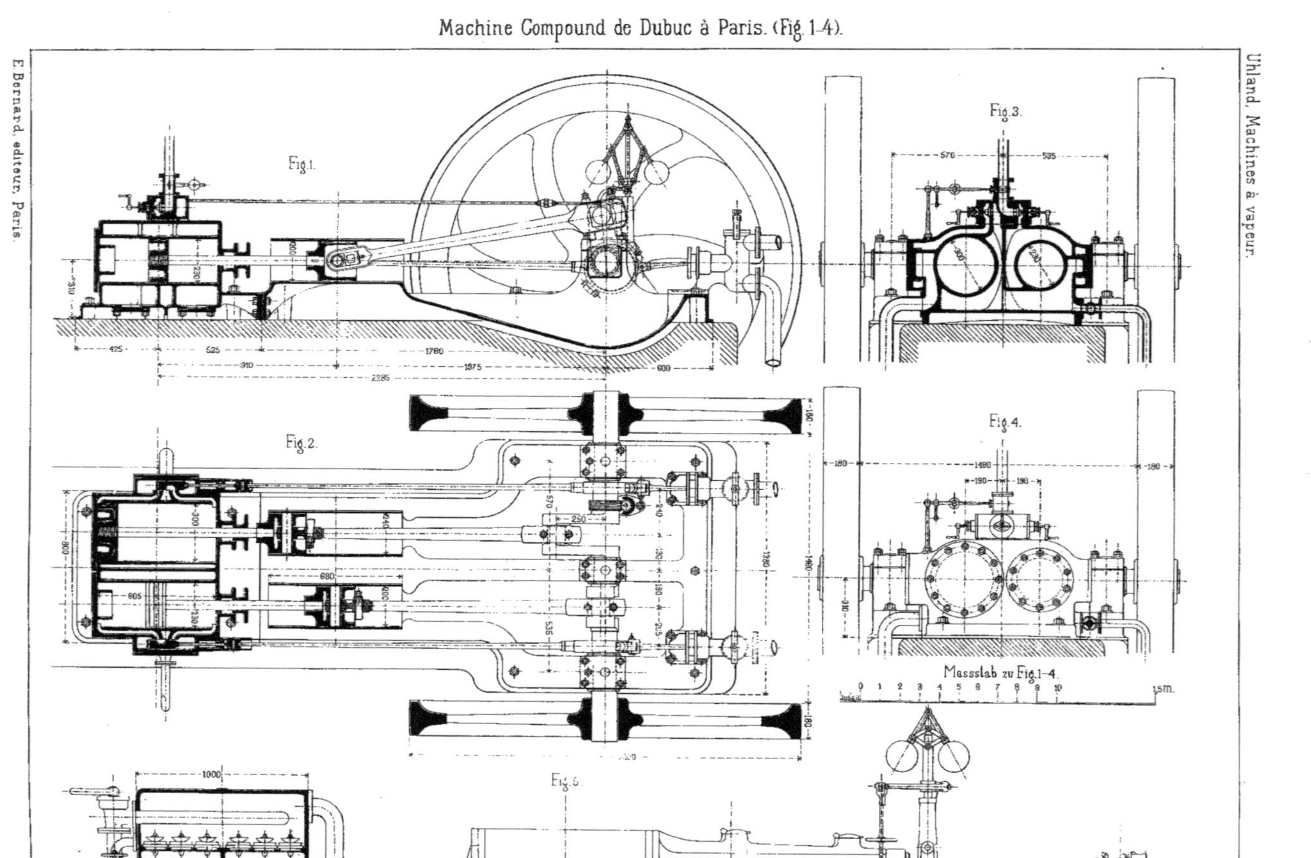

Machine Compound de Dubuc à Paris. (Fig. 1-4).

E. Bernard, éditeur, Paris.

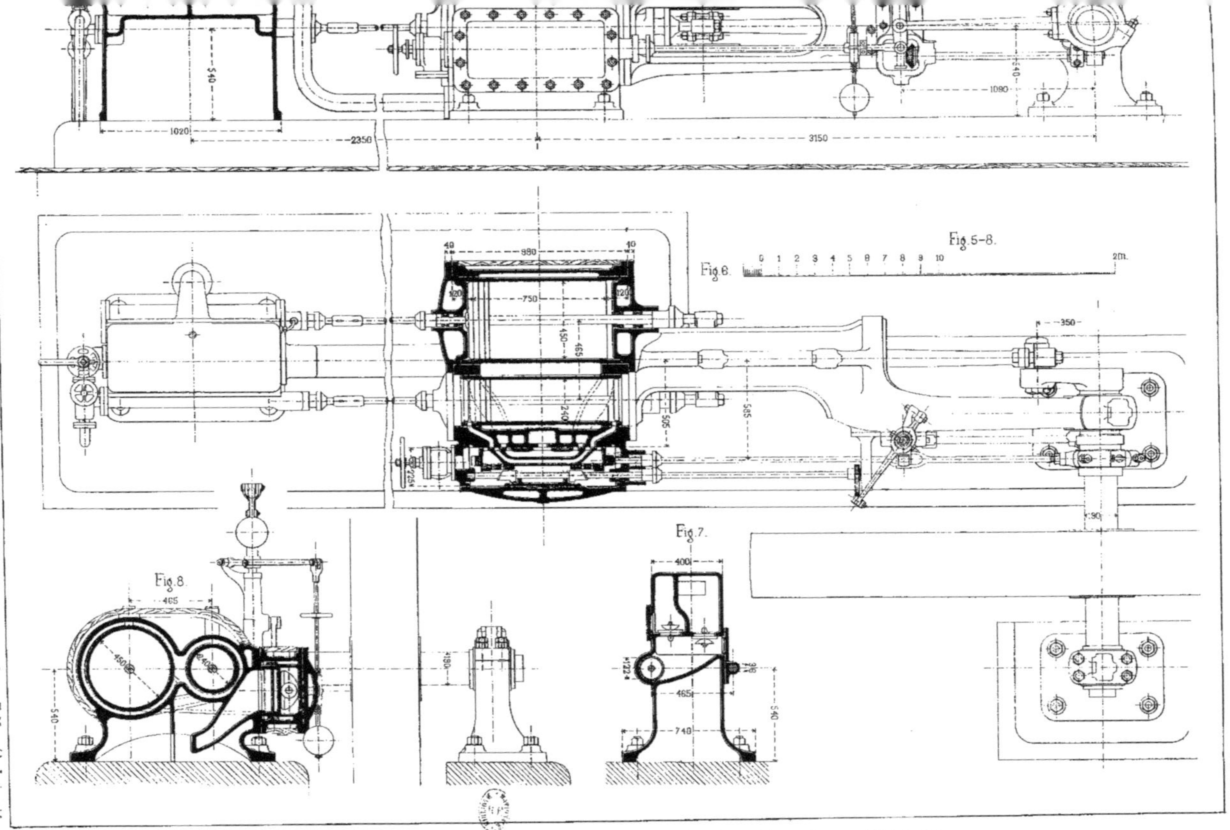

Machine à vapeur système Woolf de Hermann-Lachapelle à Paris. (Fig. 5-8).

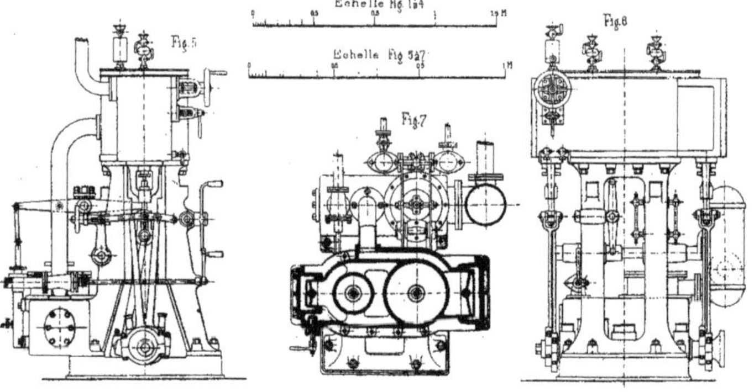

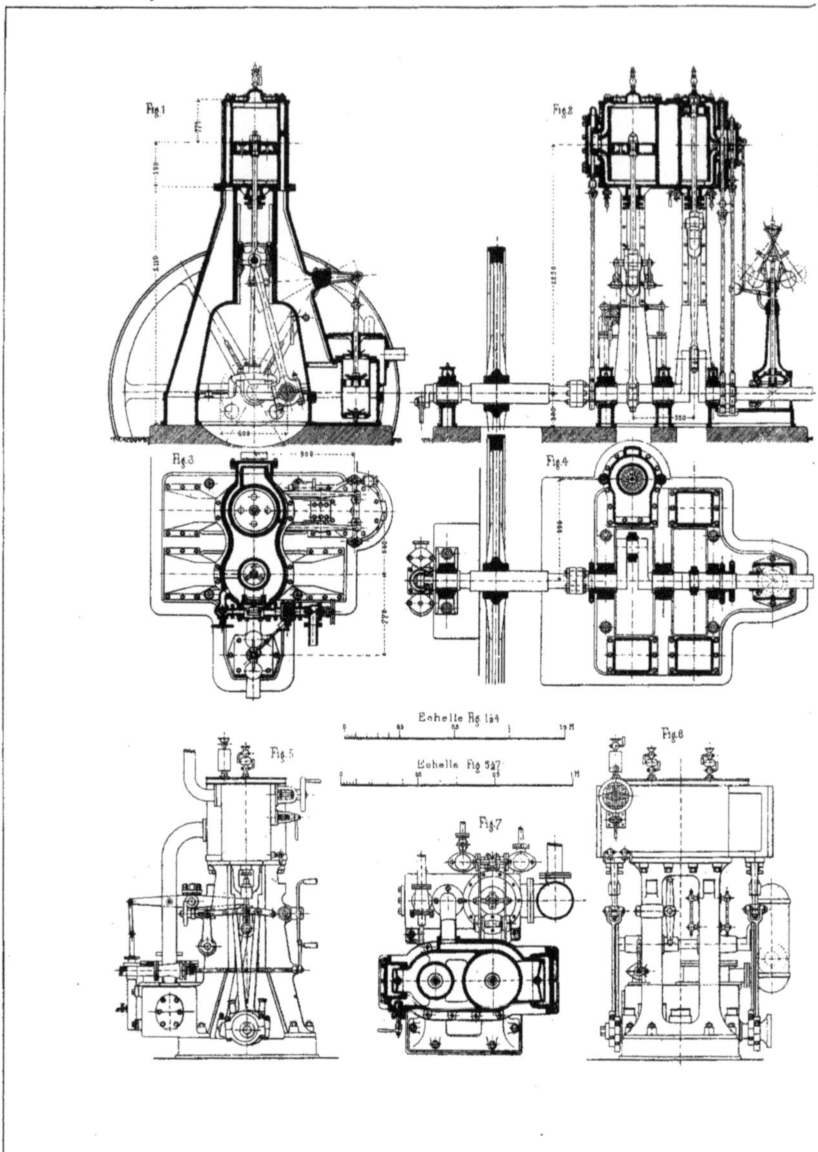

Fig.1
Fig.2
Fig.3
Fig.4
Echelle Fig 1à4
Echelle Fig 5à7
Fig.5
Fig.6
Fig.7

Machine Compound construite par Schneider et Cie, Creuzot. (Fig.1 à 4)

Machine Compound Escher, Wyss et Cie, Zurich (Fig.5 à 7)

Machine Compound de A. Borsig à Berlin.
(Fig. 8 à 13.)

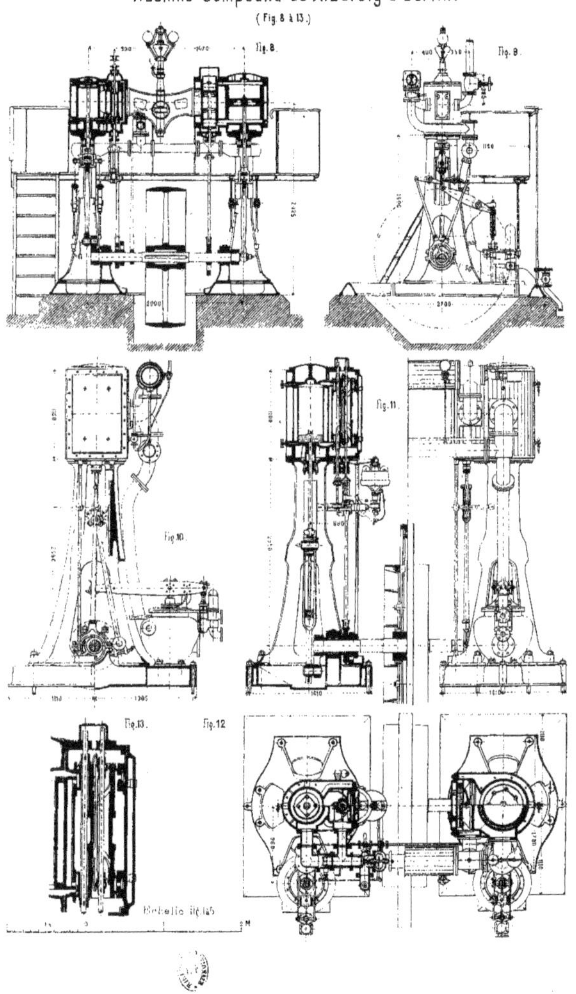

Machine Woolf de la Cie, Fives-Lille, Nord (Fig.1 à7).
Scale Fig.1 à 6.
10 0   5   10   15 dcm.
Fig.1.
2173
895
810
780
Fig.4
Fig.7
Fig.3
Scale Fig.7
dcm 10   0   1   2 m.
Fig.2
Fig.5
Fig.6
450
730
Machine Woolf (Systeme Westphal) Hoppe à Berlin (Fig. 8 à 12).
Fig.8 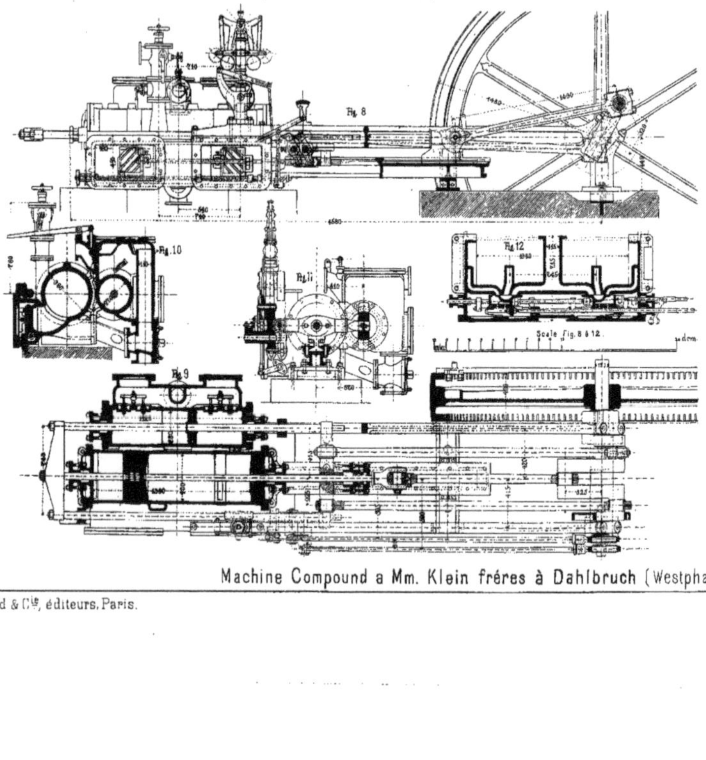
Fig.10
Fig.11
Fig.12
Scale Fig. 8 à 12.
Fig.9
4680
Machine Compound a Mm. Klein fréres à Dahlbruch (Westphalie). Fig.13 à 20.
Fig.13
Fig.14
Fig.15

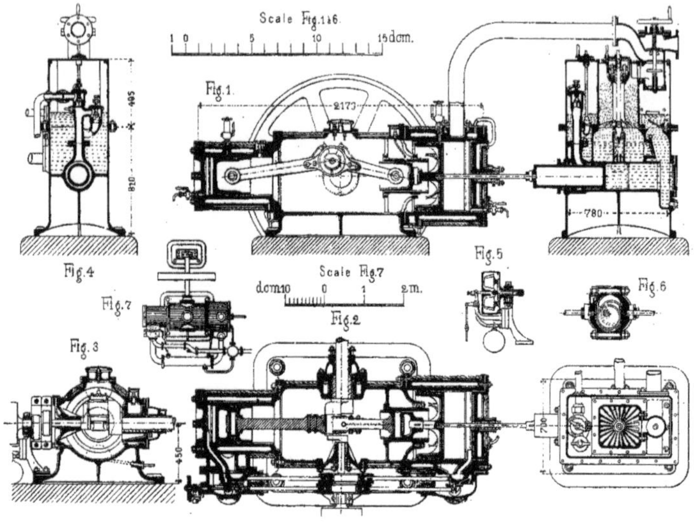

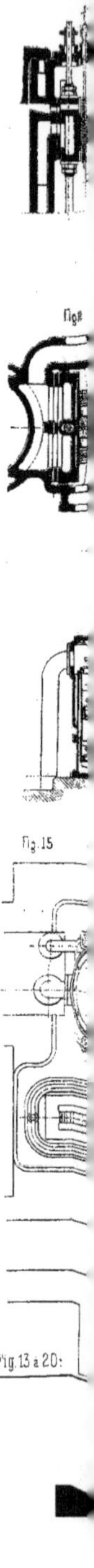

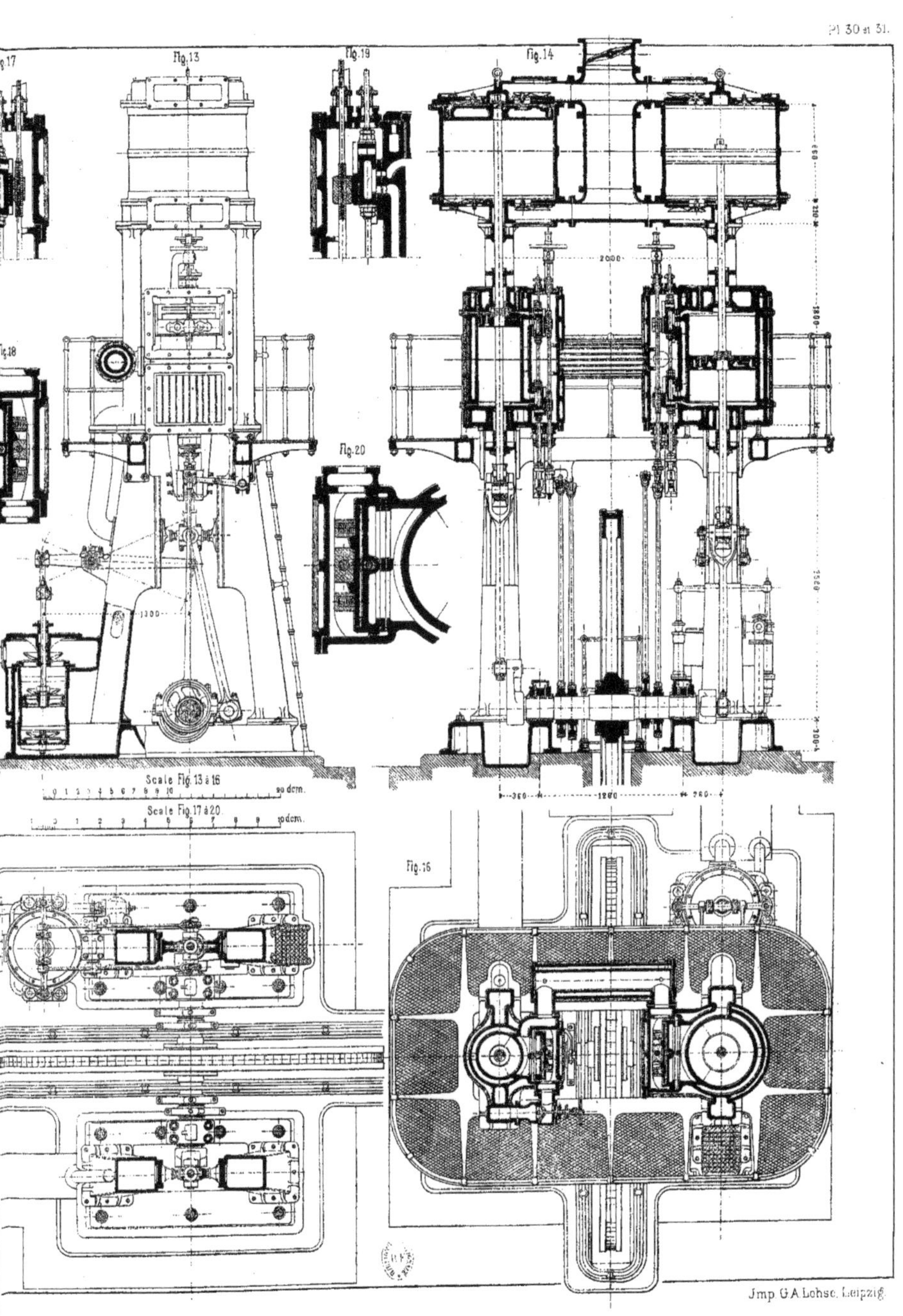

Fig.17
Fig.13
Fig.19
Fig.14
Fig.18
Fig.20
Fig.16
Scale Fig. 13 à 16
Scale Fig. 17 à 20

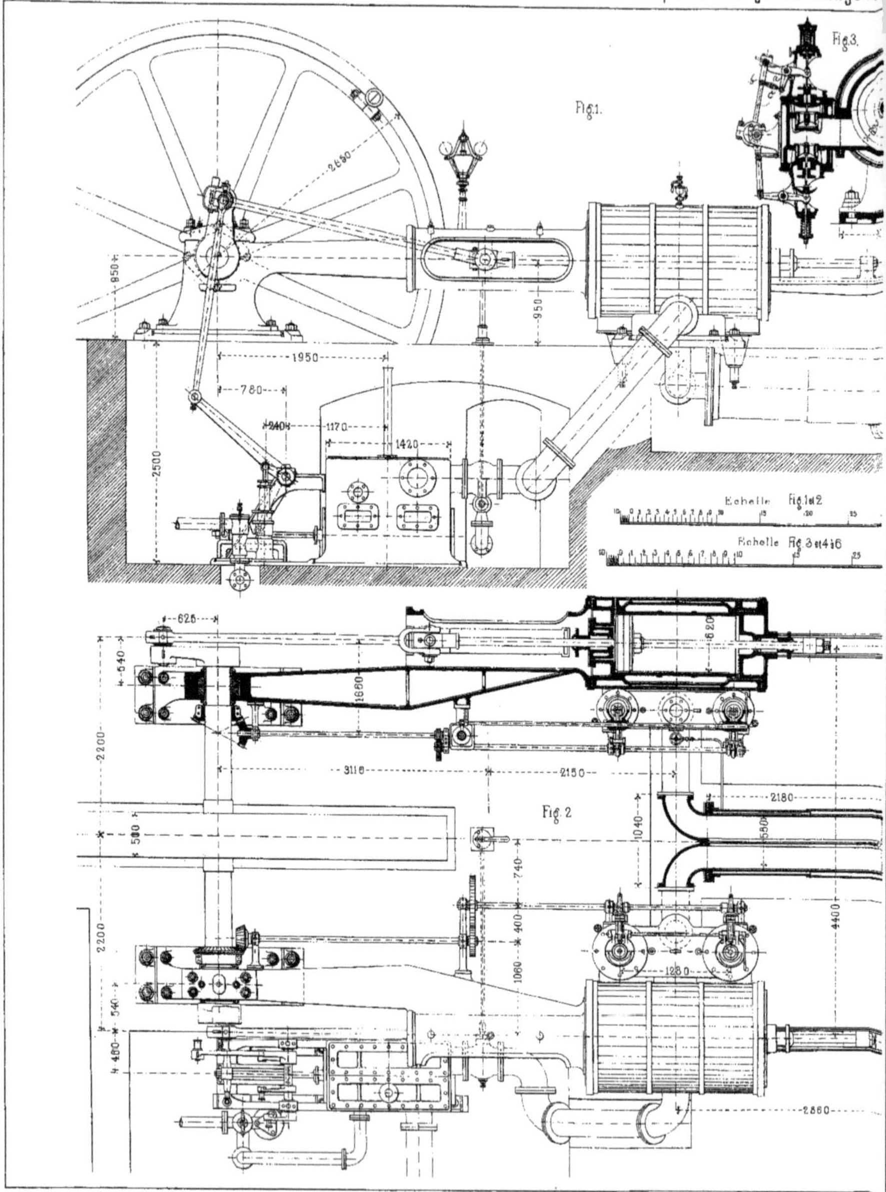

Fig.1.
Fig.3.
Fig.2.
Echelle Fig.1 et 2
Echelle Fig.3 et 4 à 6
2650
950
950
1950
780
240
1170
1420
2500
625
540
1660
2200
3116
2150
500
2200
560
480
1040
740
400
1060
620
2180
550
4400
1250
2860

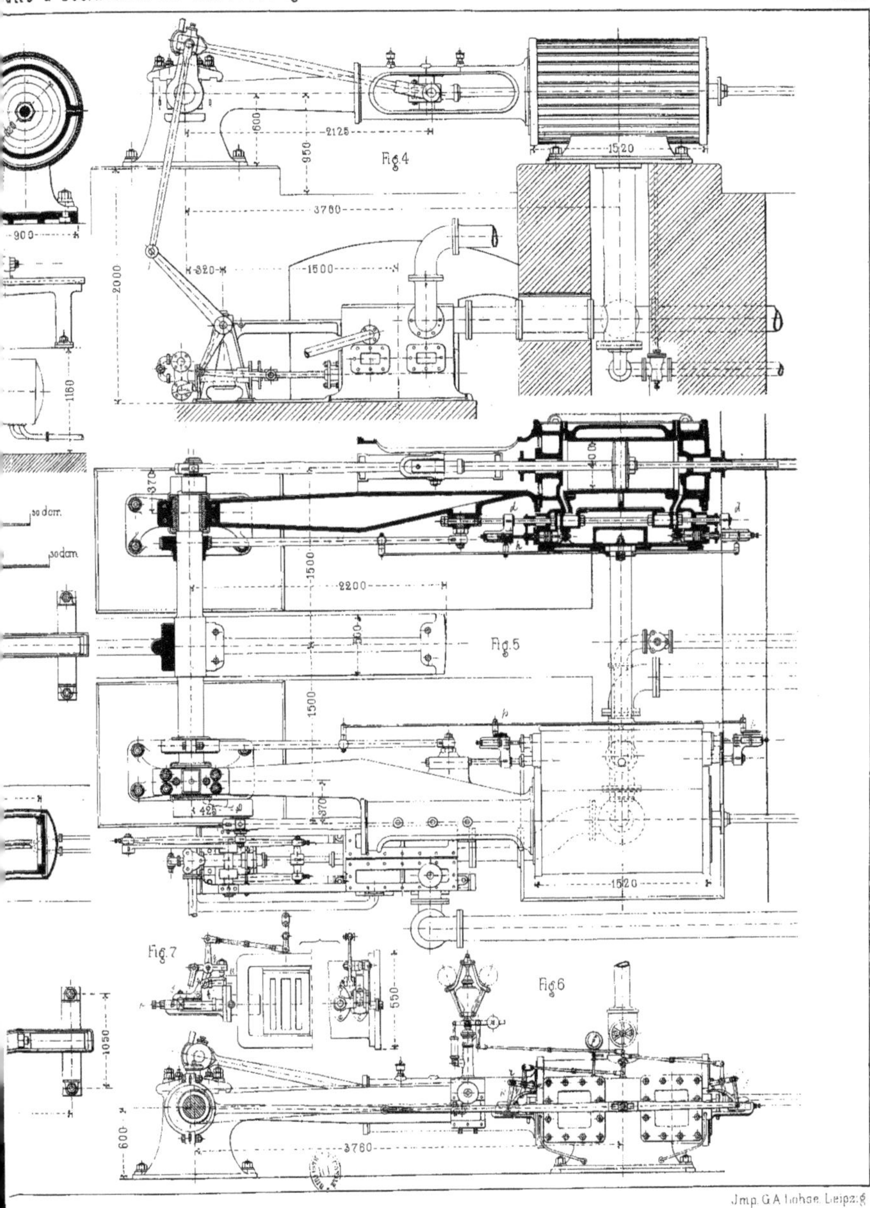
Fig. 4
Fig. 5
Fig. 6
Fig. 7

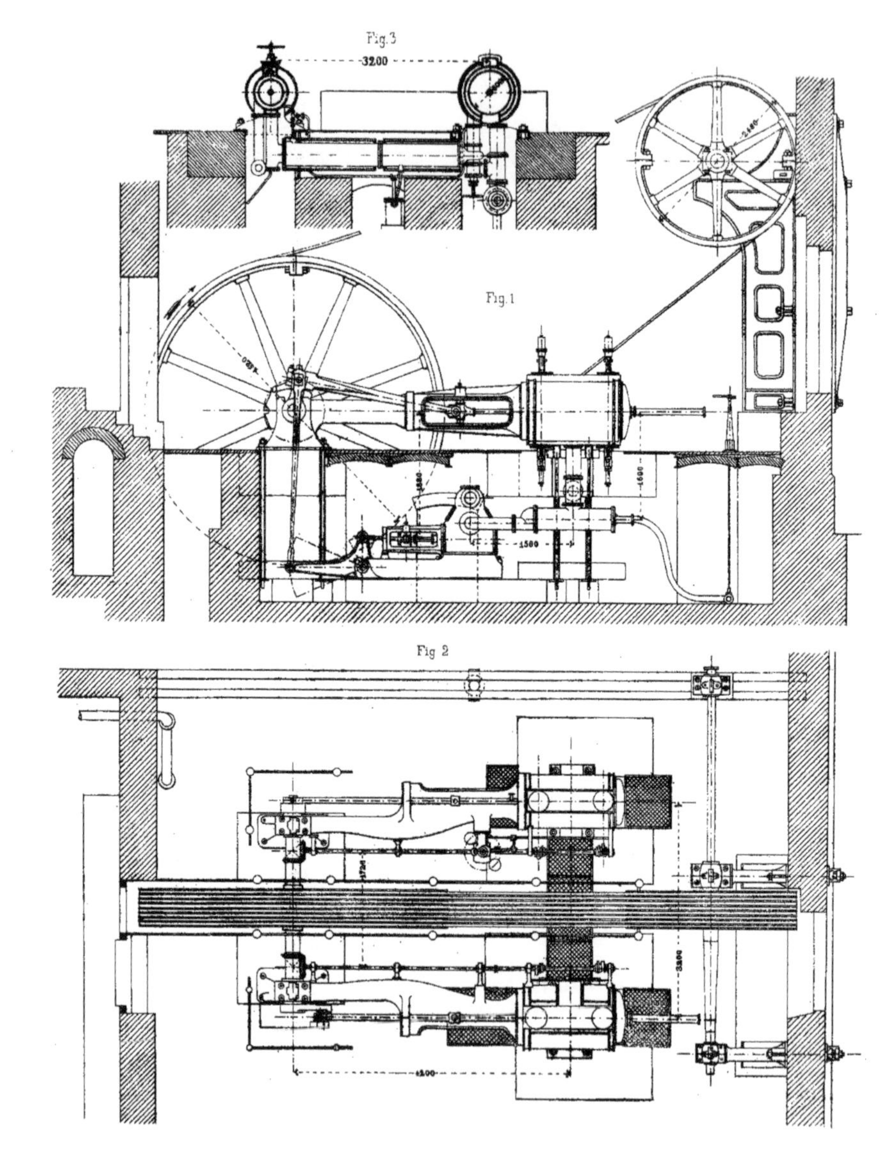
Fig.3
3200
Fig.1
Fig 2

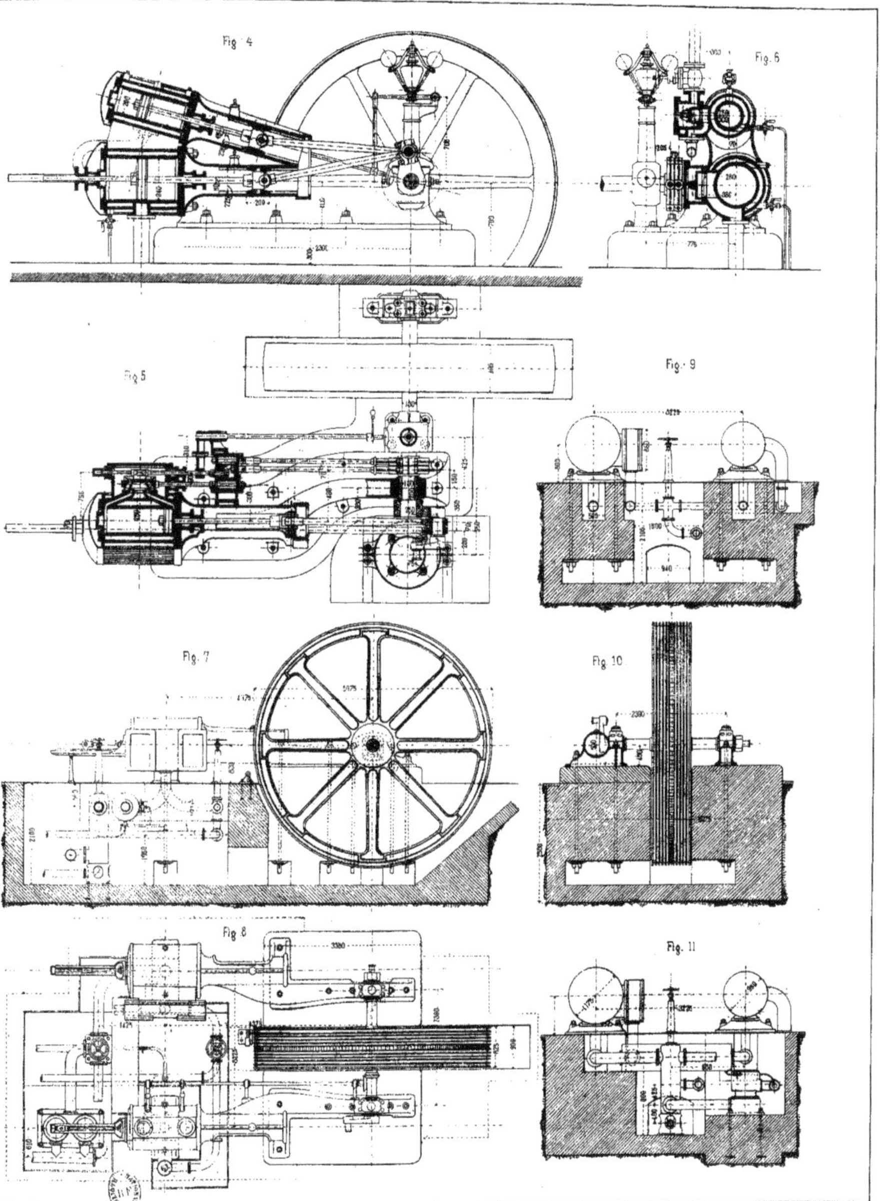

Construction de Goerlitz (Fig. 7–11).

Machine Compound de la société anonyme de construction de Batignolles, Paris.

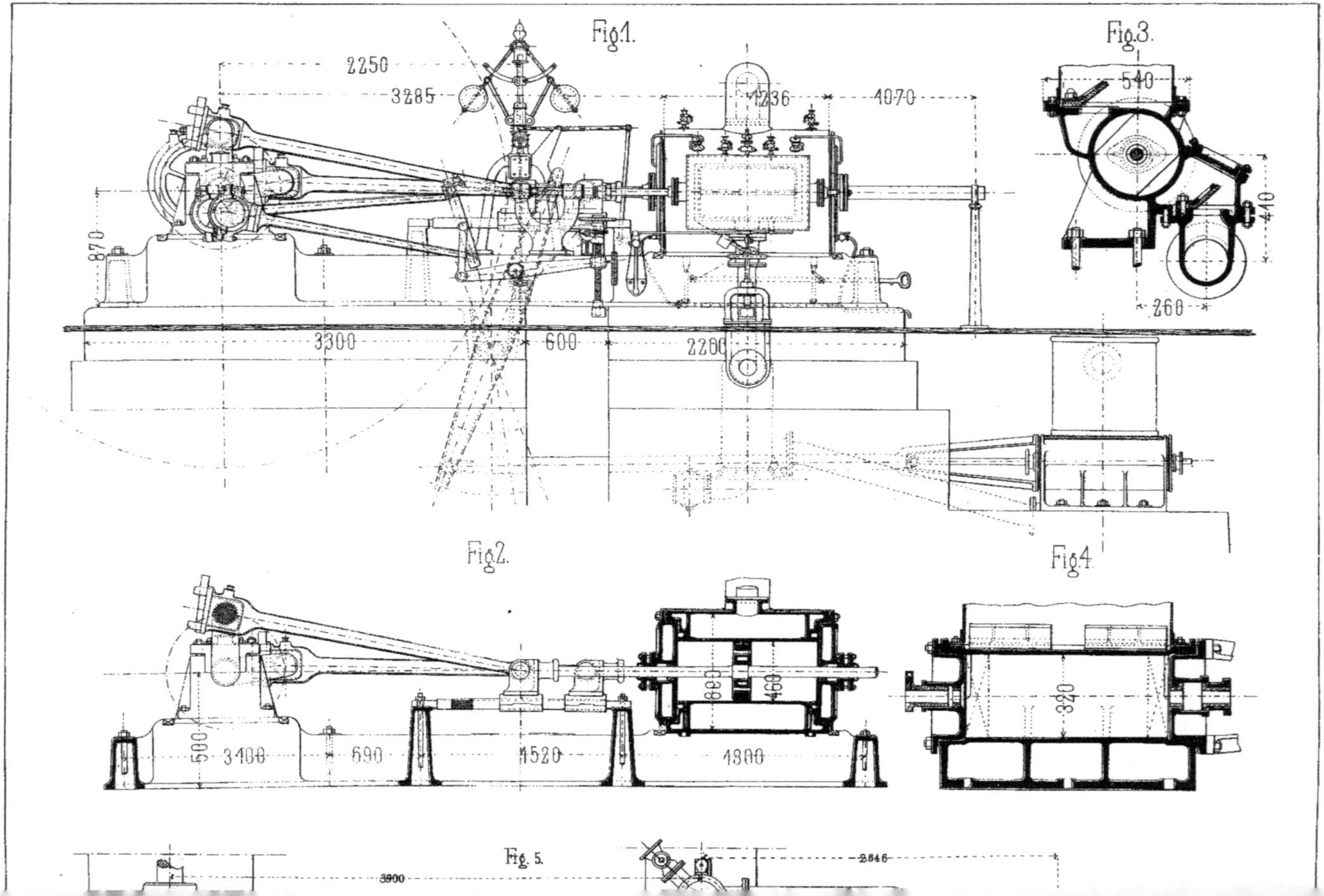

Fig.1.

Fig.2.

Fig.3.

Fig.4.

Fig.5.

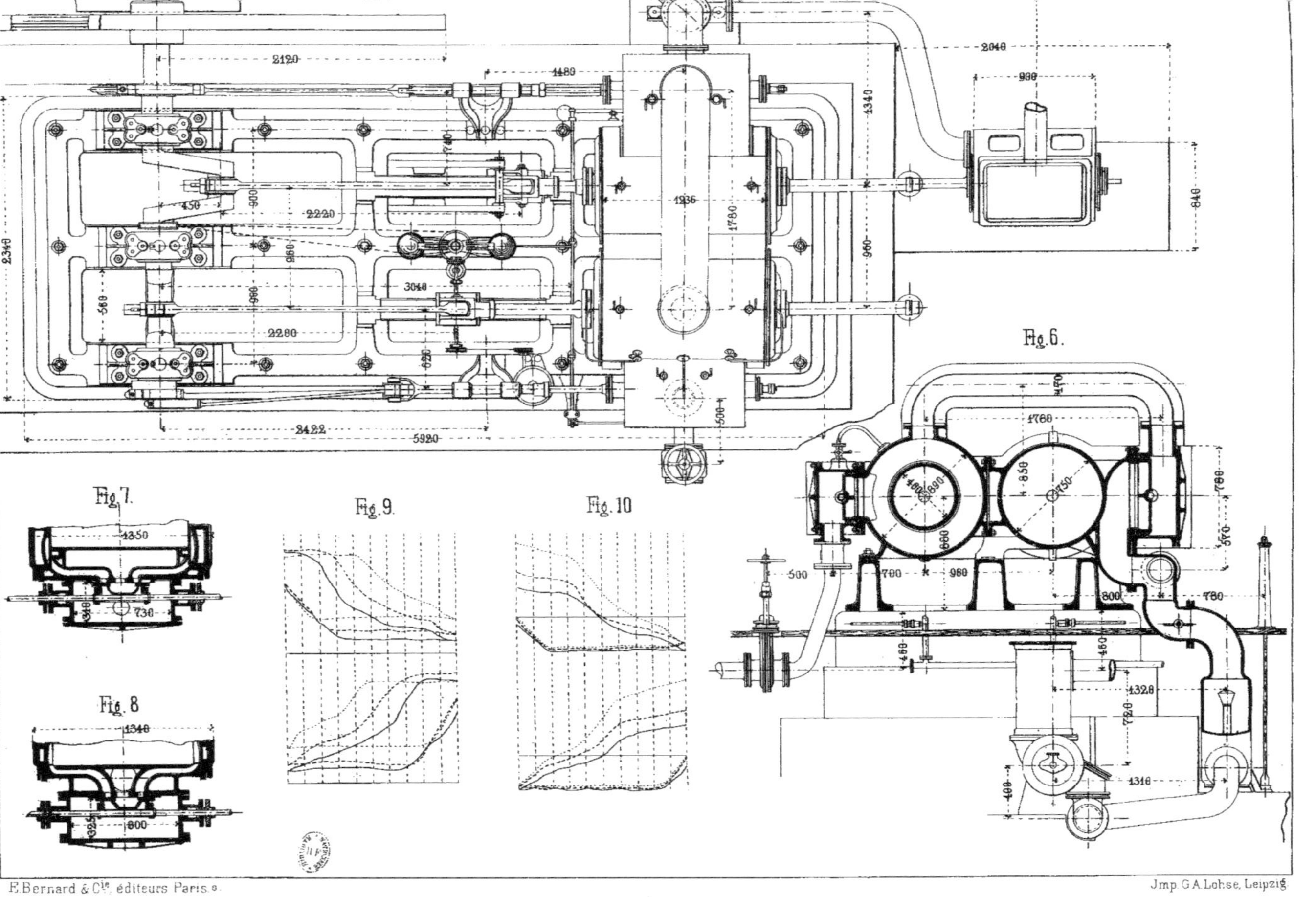

Fig. 6.
Fig. 7.
Fig. 8.
Fig. 9.
Fig. 10.
E. Bernard & Cie, éditeurs Paris.
Imp. G.A.Lohse, Leipzig

Machine Compound de A. Borsig à Berlin. (Fig. 1 à 4).

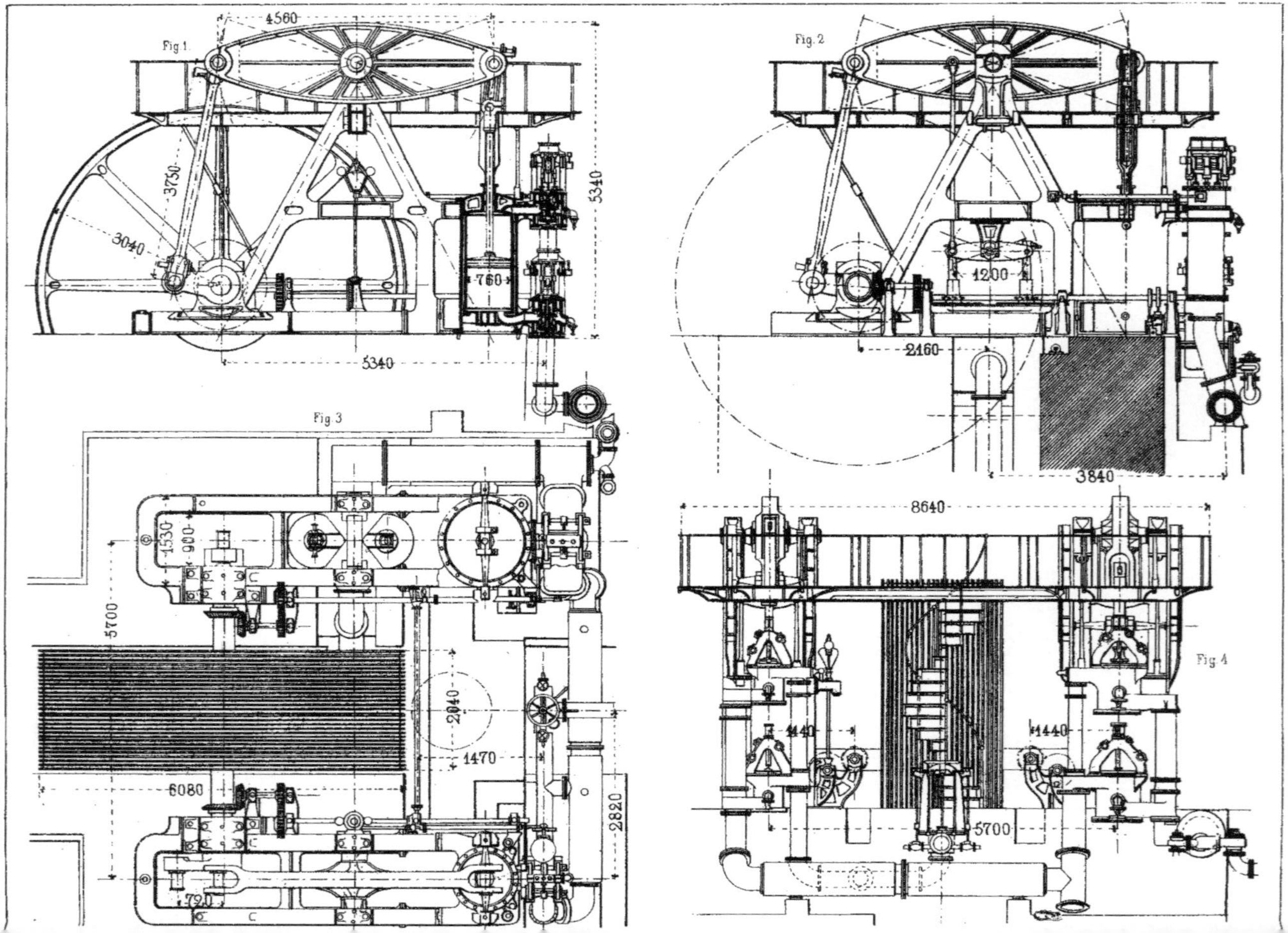

Fig. 1

Fig. 2

Fig. 3

Fig. 4

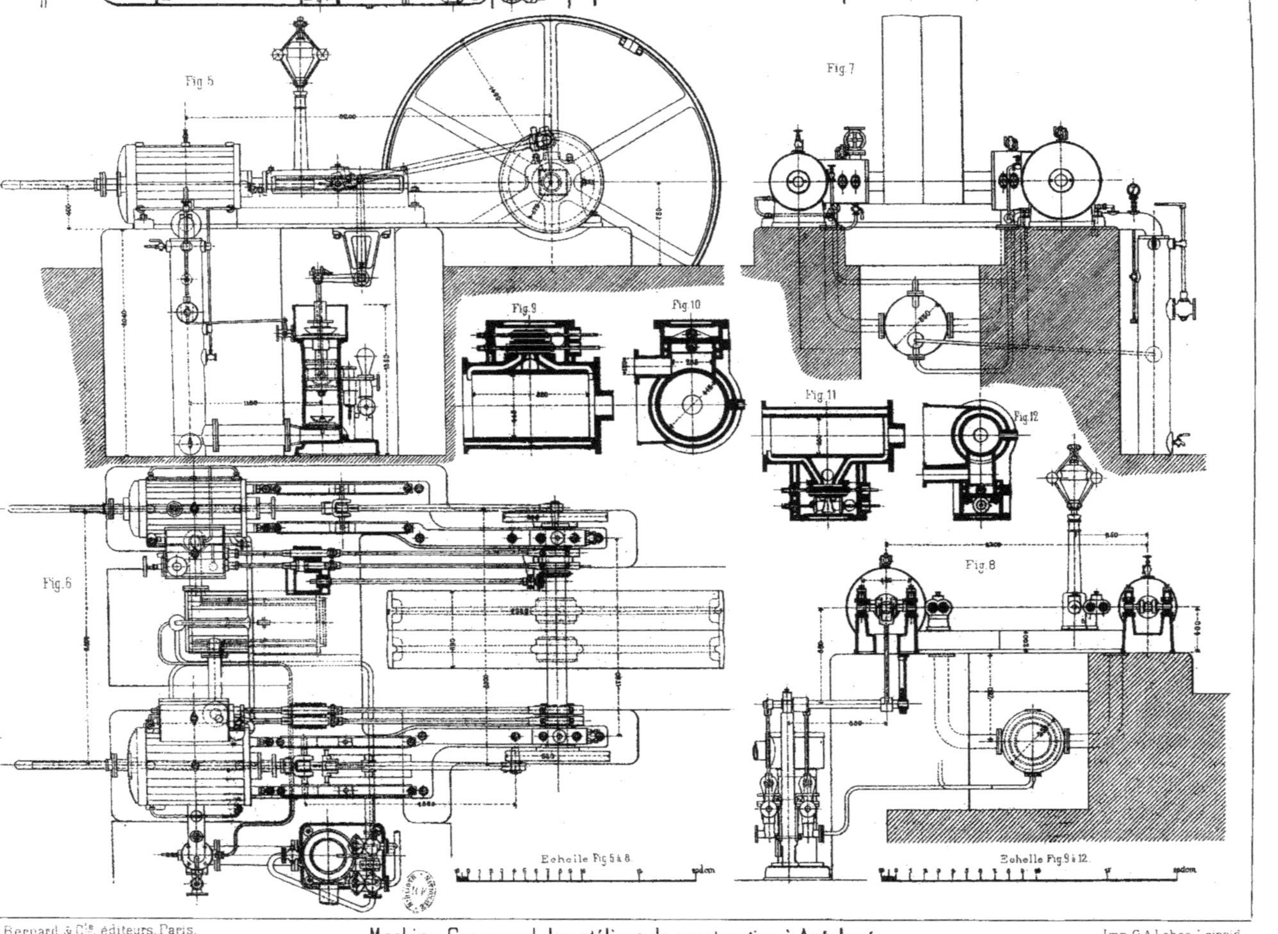

Machine Compound des atéliers de construction à Augsburg.
(Fig 5 à 12).

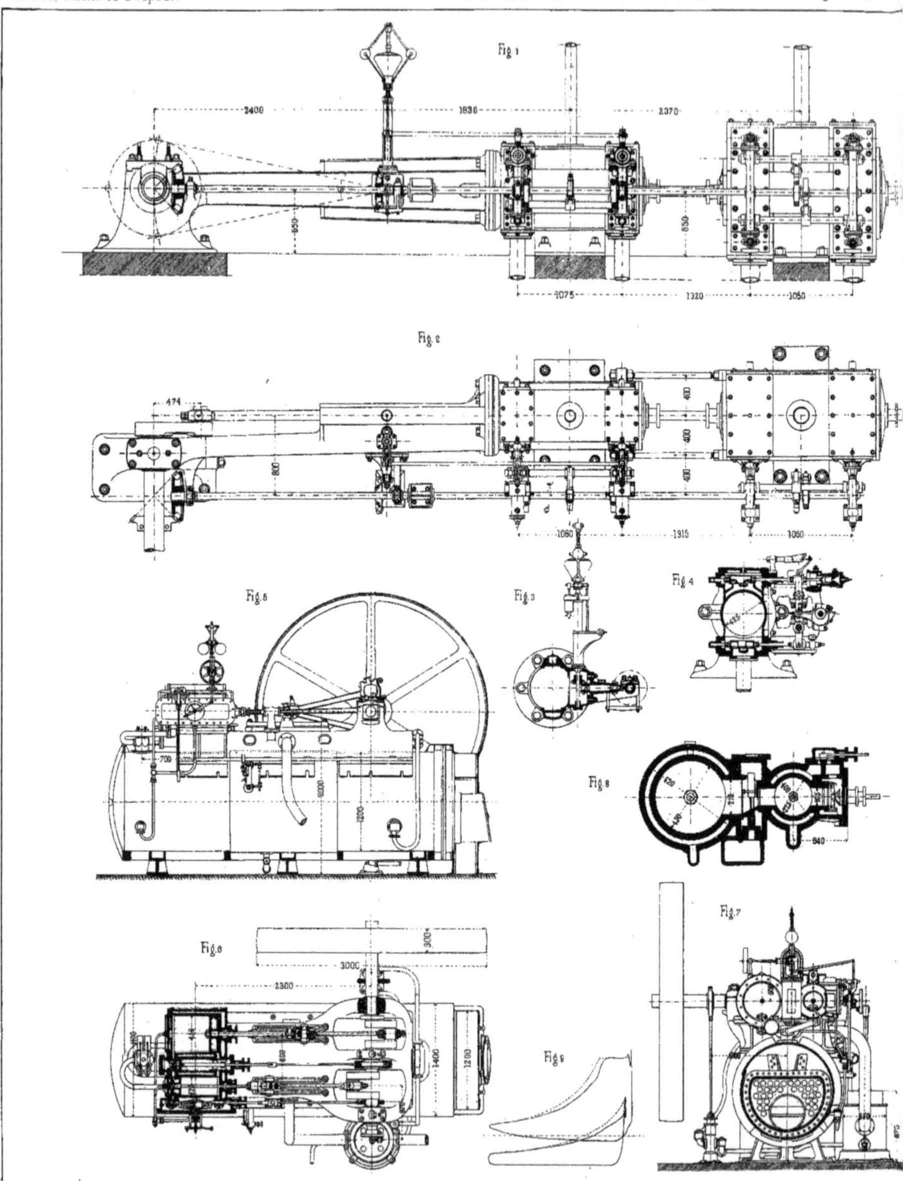

Machine Woolf de Holborow à Strand, Angletere (Fig. 10 et 11).

Pl. 38 et 39.

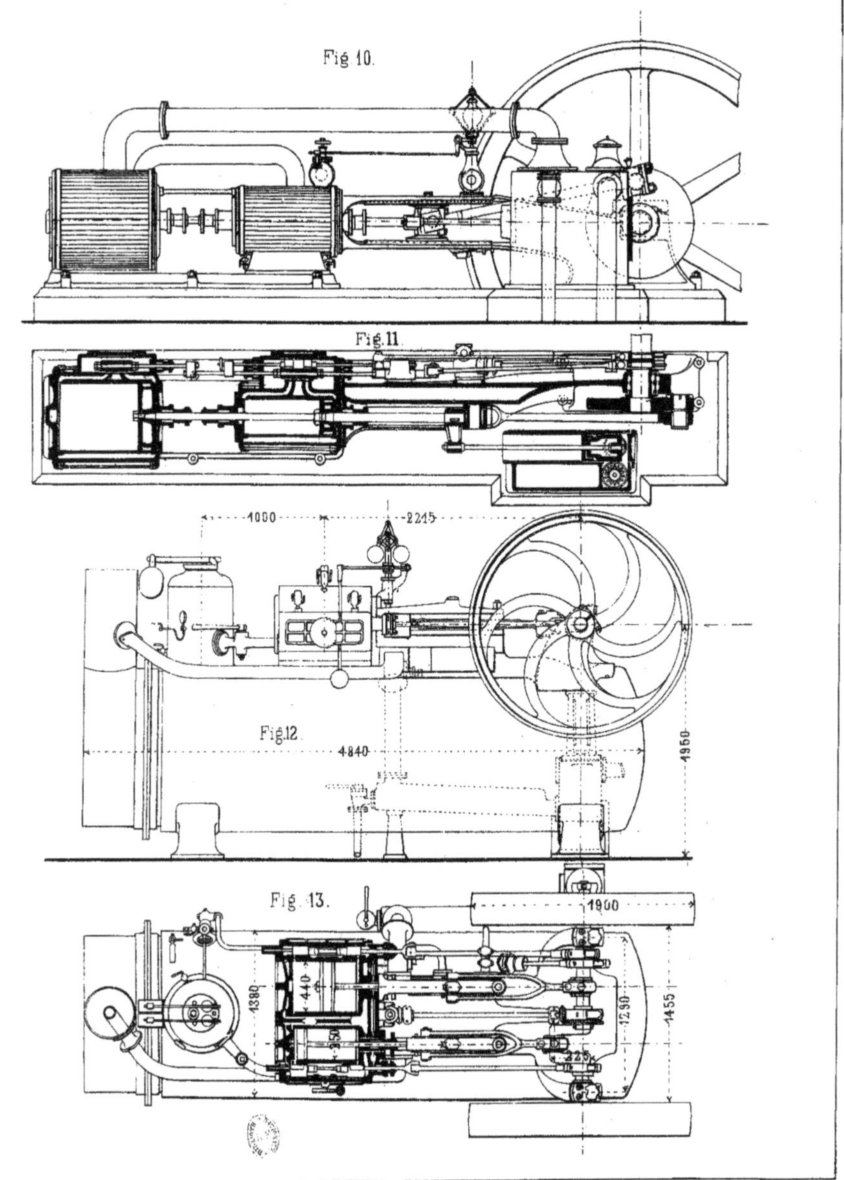

Jmp. G.A.Lohse, Leipzig.

Machine Compound demi-fixe de Hermann Lachapelle à Paris. (Fig. 12 et 13.)

Machine Compound de Duncan, Stewart et Cie à Glasgow.

Fig. 1

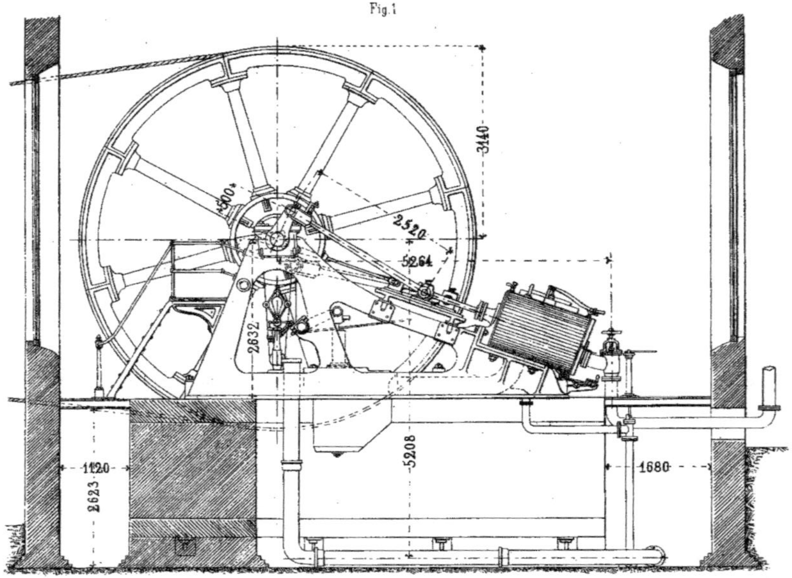

Fig. 2

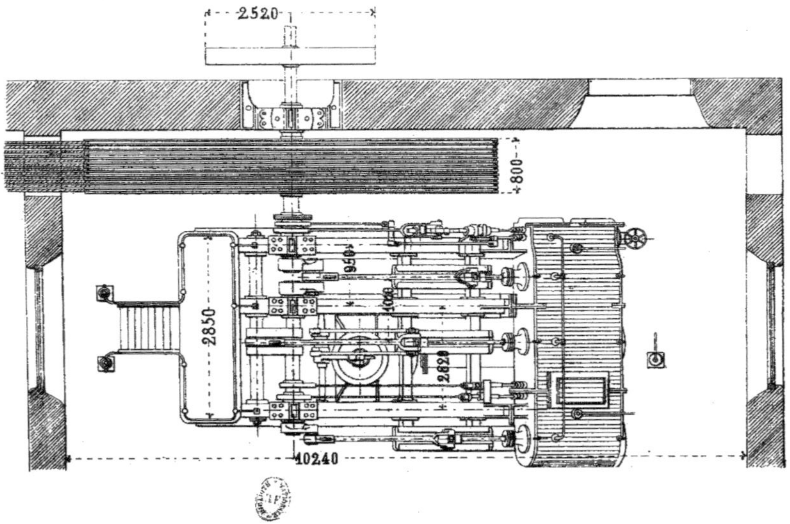